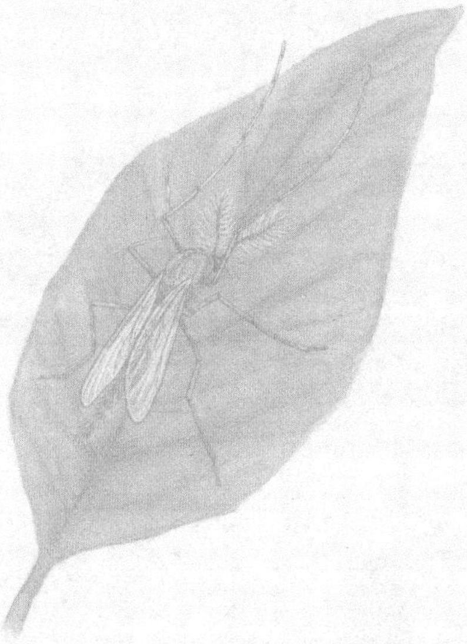

湿地中国·自然博物

湿地中国

蓑蛾有座小城堡

何腾江——著

广州新华出版发行集团
广州出版社
GUANGZHOU PRESS

图书在版编目（CIP）数据

蓑蛾有座小城堡 / 何腾江著 . -- 广州 : 广州出版社，2025. 1. --（湿地中国 · 自然博物）. -- ISBN 978-7-5462-3785-5

Ⅰ. Q969.08-49

中国国家版本馆 CIP 数据核字第 2024JW2136 号

湿地中国 · 自然博物：蓑蛾有座小城堡

Shidi Zhongguo · Ziran Bowu: Suo' e You Zuo Xiao Chengbao

出 品 人　柳宗慧
出版发行　广州出版社
（地址：广州市天河区天润路 87 号 9—11 楼　邮政编码：510635
网址：www.gzcbs.com.cn）
选题策划　李碧梅
责任编辑　伍秀娟　刘瑞敏　王莉莎
特约编辑　潘　瑞
营销编辑　李　玲　麦嘉琪
责任校对　窦兵兵
插　　图　苏庭萱
封面设计　蓝美华
内文设计　友间文化
印刷单位　东莞市信誉印刷有限公司
（地址：东莞市南城区水濂澎洞工业区一期C区　邮政编码：52300）
规　　格　889 毫米 × 1194 毫米　1/32
字　　数　75千
印　　张　5
版　　次　2025 年 1 月第 1 版
印　　次　2025 年 1 月第 1 次
书　　号　ISBN 978-7-5462-3785-5
定　　价　39.80元

前言

湿地之美·生态之美·家园之美

何腾江

一

湿地很小，也很大。

一处浅浅的池塘，就是一块小小的湿地。

涟漪阵起处，也许，你会看到一只白鹡鸰（jí-líng）正在池塘边踱步；也许，你会看到一只水黾（mǐn）正在水面捕食；也许，你会看到一株睡莲正在水中盛放……它们在湿地里生长、繁育、捕食、防御、迁徙、共生……这是生物界极为神秘的部落，也是极为复杂的生态环境。

一处弯弯的海岸，低潮时水深不超过六米的水域，就是一块大大的湿地。

潮起潮落间，或许，你会遇见一群红嘴鸥在海面翩跹（piānxiān）；或许，你会发现一只菜粉蝶正好飞过；或许，你会看见一棵棵椰子树挺立在海边……它们在潮间带或自由翱翔，享受生命的快乐；或交配繁殖，完成物种延续的伟大使命……

这些或小或大的湿地生境，就是中国湿地的一个横断面。

我试图从一个微小的切口，闯入一片恢宏的湿地世界。

二

在祖国大陆南端的雷州半岛，有一个地方，名叫灵界村，那是生我养我的故乡。

雷州半岛三面临海，海浪和台风时常光顾，因此，海水的涨落也更加频繁、幅度更大。海水涨退之间，曲折绵长的海岸边就形成了一处独特的生态环境——潮间带。

潮间带里，有一种植物群落被称为“海岸卫士”，那便是红树林。

这里的红树林是独特的木本植物群落，星罗棋布在海与岸之间，守护着我们的家园。

潮起，一棵又一棵低矮的红树植物渐次被海水淹没，或许仅有树冠露于水面，形成最特别的“海底森林”；潮落，一棵又一棵茁壮的红树植物又立于滩涂湿地上，成为鸟、鱼、虫、蟹、螺等多种生物的“保护伞”。

生长在潮间带中的红树林，是热带、亚热带海岸及河口潮间带特有的森林植被。在红树林区域，我们可以看见，一群又一群迁徙中的候鸟在树上停歇；又或者是一只又一只鱼、虾、蟹、螺在其间穿梭……

这是典型的湿地生态。

正是故乡一片片海岸与池塘，带给我关于湿地的自然启蒙，让我的人生充满了乐趣。

记忆里，少年时的我，或站在水库的岸边，注

视着一只又一只小䴙䴘（pìtī）在水中央一会儿游水一会儿潜水；或卷起裤脚，蹚过浅水，将湿地的一隅围拢起来，然后舀浅了水，拔掉水草，在泥地里捉鱼摸虾；或用画笔描绘着一棵又一棵水生植物在四季轮回里的不同色彩……

这一处处湿地，是灵界村赠予少年时的我最美好的礼物。

在观察湿地时，我不经意间抬头，发现了四季轮转，日月同辉，湖同景不同，免不了要发出“万顷湖泊一点山”的感慨，也更想把少时的观察所得用文字留在纸上了。

三

在珠三角的腹地，有一个地方，名叫中山，那是一代伟人孙中山先生的故乡。

那里有一条又一条河涌蜿蜒而过，水网密布。

民房沿水而建，民众临水而居。一排排房子、一棵棵荔枝树与香蕉树倒映在水里。

清凌凌的河水，绿油油的农田，金灿灿的太阳，轻舟若过，点缀其间，灵动了多少湿地水乡。

原住民疍家人撑舟而过，捕鱼种地，世代繁衍，演绎出独特的湿地文化。

中山东边的珠江出海口有一片水域叫伶仃洋。那里形成了一处又一处滩涂，也是海陆交接的敏感地带。这叫海滩，也叫河滩。

这也是典型的湿地生态。

正是这样诗意盎然的湿地生态，深深地迷住了在中山定居的我与我的工作伙伴蟑螂老师，让我们在这样的窗口里，看见了生生不息的湿地万物，看见了壮美而磅礴的湿地生境。

蟑螂老师是生物学的硕士研究生，痴迷于自然，也沉醉于自然。毕业后，一直从事自然生态方面的工作，对中山这座城市的湿地生态了如指掌。有他在，我对湿地的观察愈加专业，收获也愈加丰富。

“南朗泮沙的湿地又来了一批冬候鸟。”蟑螂

老师多是踩准了观鸟点，才不紧不慢地向我“通风报信”。

“我刚刚在稻田里拍到了三只白额雁，这是中山首次影像记录到的。”蟑螂老师身在山野，也不忘向我“直播”观鸟收获。

在蟑螂老师的带动下，我时常与他一起站在湿地里，静心观察候鸟的迁徙过程，捕捉昆虫的灵动瞬间，详细记录植物的生长变化。时光如梭，季节更迭，我们渐渐熟悉了越来越多的生物，这就是自然观察的收获。

四

湿地是野鸟的家园，是昆虫的家园，是植物的家园，也是我们的家园。

湿地之美，早在《诗经》里就美得“无边无际”了。那一句朗朗上口的“关关雎鸠，在河之洲”，描绘的就是湿地的诗意风景。

到湿地走一遭，我们就会发现，一群鹭科野鸟将红树林装点成“绿里透白”的风景，一棵红树植物也能繁衍成一座“水上森林”，一只弹涂鱼还能“占地为王”……

这时候，我们是不是会有一种冲动，为满眼的翠绿倒映在蓝天碧海之间而舞蹈，为这一片诗意的栖居地而歌唱……

这就是湿地之美，生态之美，家园之美。

作于孙中山故乡

2024年1月30日

目录

上辑

水生昆虫

下辑 陆生昆虫

上辑

水生昆虫

《昆虫家谱》显示：水生昆虫只占昆虫总数的4%，且只有11个目，常见的也仅为7个目。

这些为数不多的水生昆虫，或多或少都身怀绝技——水黾会“轻功”，可以“水上漂”；豆娘是“环境检测员”，随时监测水

环境：负子蝽是“模范父亲”，养育孩子直至独立……

这些水生昆虫出现在孩子们的课本里、生活中，以生动的形象传递着自然的奥秘，成为孩子们探索自然的引路者。

水黾会“轻功”，可以“水上漂”

夏日的午后，我躺在古榕树下的木板上，正睡得迷迷糊糊。突如其来的阵雨穿过密密匝匝的树叶劈头盖脸地砸下来，将我稚嫩的脸庞砸得生疼……

我正准备跑回家，路过池塘时发现，蚊子、龙虱、蜻蜓、蝴蝶都比我先躲起了雨，只有密密麻麻的一团“灰雾”还在雨中徘徊，那是水黾。

我发现有一团又一团的水黾在池中游弋。它们长着圆溜溜的大眼睛、细长的尾巴，椭圆形的身子黑不溜秋，样子像蜘蛛，又像蚊子。水黾头部呈三角形，稍长。有3对腿，最前面的一双腿短，可用来捕捉猎物；中间和后面的腿细长，中间的用来驱动划水，后面的用来控制方向，均长着油质的细毛，具有防水功能。只见水黾凭借着它细长的腿在水面上走来走去，让我联想到刚学会的一个词语——凌波微步。

眼前的水黾不仅在水面上行走如飞，还能稳稳当当地停在水面上，怎么也不会沉下去，太奇妙了。这与我们昨晚看的、灵界村男孩最爱的电影中的一个镜头十分相似：一位武林高手在“水上漂”，如履平地，成功逃脱了坏人的追杀。

在灵界村，孩子们习惯把水黾叫作“水蚊”。“水蚊”就像是小孩的乳名，叫着叫着，就习惯了，而水黾则是小孩的学名，两者并不矛盾。

这一汪池塘相当于家门口的自然课堂，有事没事，灵界村的孩子都喜欢聚在池塘边，或钓鱼，或摸虾，遇上池水涨起来，还会跳下去游两圈。当然，这已是我小时候的事了。

水黾是这一汪池塘里的小型水生昆虫之一。

这一类昆虫无不喜欢清澈的池水，除了栖息于静止的水面，有时还会跑到溪沟的缓流水面上。水黾的特别之处在于它的腿具有惊人的排水能力，能排开相当于自身体积300倍的水量。这样的特性，让水黾轻盈的身体不会破坏水面因表面张力而形成的薄膜，只会在水面形成一个微型的凹槽。这个凹槽，正是我们观察到的“奇观”：水黾轻盈地趴伏在

水面上，它的六条腿周围会显现出水面微微下陷的痕迹。

一次，我与父亲深一脚浅一脚地在稻田里拔草。没多久，我就有点心不在焉了。

“水蚊咬我了。”我逮住那只“嫌疑犯”喊道。

“水蚊不咬人。”父亲轻轻地扔了一句话过来，并没有停下手中的活儿。

“骗人！”我开始耍小脾气。

“那是野蚊子咬的你。水蚊就是书上的水黾，它爱吃蚊子，不叮人，赶紧放了它。”父亲这才站起来，将脚步挪了过来，耐心地说道。

我半信半疑。回到家，我翻箱倒柜，书上的知识终于帮水黾解除了咬人的嫌疑，也让我更加留心这种被称为“蚊子的天敌”的家伙。

水黾的单眼虽然已经退化，却进化出发达的复眼。当有蚊虫落在水面，它就会迅速滑动腿脚在水面行走（速度可以达到1.5米/秒），甚至还可以做30~40厘米的跳高或跳远运动，一下子就“飞”到食物的面前，把管状的嘴插进蚊虫身体里，吸食它们的体液。

它还是孑孓（jiéjué，蚊子的幼虫）的捕食者。孑孓藏在水下，通过尾端细长的呼吸管穿过水面呼吸。当水黾发现孑孓的呼吸管时，它就会飞扑上前，轻而易举抓住孑孓露出的“小把柄”，将之捞上来饱餐一顿。

自然界最有趣的地方在于一物降一物。水黾不仅帮人类消灭蚊子，还吃浮游生物和失去生命力的鱼虾，这么一看，水黾真是池塘清洁工，是十足的益虫呢。

昆虫朋友圈

水黾

第24届虫虫水上运动赛就要开幕了！“水马”队最近正热火朝天地训练，这次一定要蝉联“水上漂移”项目冠军！

10分钟前

❤ 苍蝇，豉甲，龙虱

苍蝇：好兄弟，祝你们成功！

豉甲：卖香油的，花落谁家还不一定呢。赛场见！

蚊子：坏蛋，诅咒你们拿不到冠军！

苍蝇回复蚊子：您还敢来这儿叫嚣？听说“水马”队补充蛋白质的食物是……

蚊子回复苍蝇：他们也吃别的东西呢！

苍蝇回复蚊子：哦？你倒是说说他们还吃啥！

_____：________________________

_____：________________________

豆娘是环境检测员

在灵界村，我喜欢夏天的清晨。风有点凉，我穿着短袖衣服，赤脚跑向池塘，那里有一道道宁静的风景。

池塘边，一株又一株蒲草在微风的吹拂下，你推我挤，像几个调皮的孩子在玩游戏。豆娘就停在蒲草上，轻盈的身子跟着蒲草一起摇摆，整个池塘一下子就灵动了起来。

站在池塘边，只要一伸手，就能将蒲草扯过来。但是，我怕惊飞上面的豆娘，所以并没有这么做。

和豆娘长得很像的蜻蜓我见得不少，稻田里有，菜园子里也有，偶尔还能在荒草地上见到它们满天飞的样子。但是，豆娘似乎并不多，它们全飞到池塘边了。

池塘的水越清澈，豆娘就越多。它不愧是“环境检测员”。

少时住在灵界村，农人并不经常使用农药。那时候，在稻田、甘蔗地、菜园子里，杂草野蛮生长，四处蔓延，让人生厌。我时常要跟父母下田除草，一畦一畦地拔，没日没夜地拔。杂草的生长速度极快，我总有一种感觉——似乎前几天刚刚拔完的这一畦田，过几天又长出了新的杂草，没完没了。

池塘边没有农药的杂草丛成了豆娘的栖息地之一。记忆里，豆娘尤其喜欢停在那些带有晶莹剔透的露珠的草丛里。它们停在草叶上，啜饮露水，不亦乐乎。每每这个时候，我都觉得，豆娘仿佛停在亮闪闪的“钻石”之间。

此时，池塘边那只停在蒲草上的豆娘并没有飞走，好像在守护着什么。我索性也不动了，就这样与它对视着。这时，我才发现，豆娘的眼睛真大呀，分

列在它头部的两侧，连在一起像一个哑铃，有点搞笑。

豆娘也许知道我正在端详它，便用它那双大眼睛看着我，似乎它也对我感到好奇。

这只豆娘的身子如此娇小，却能稳稳地停在蒲草上。它将双翅并拢，紧紧地贴着它长长的腹部。它的腹部细而长，呈棍棒状。我总觉得，这样的腹部，有点像竹节虫的腹部呢。

豆娘看起来一副弱不禁风的样子，惹人怜爱。其实，豆娘是肉食性昆虫，虽谈不上凶猛，但也并不好惹。它有着咀嚼式口器，触角呈刚毛状，尤其喜欢捕食飞行中的小飞虫，一抓一个准。那些体形微小的蚊、蝇、蚜虫等，都是它的食物。

少年时，我们也时常将蜻蜓与豆娘混为一谈。

后来才知道，它们虽然都是蜻蜓目，却只能算“表兄弟”，二者的差别很明显：蜻蜓的体形更大、身体更粗壮，飞行能力也更强，豆娘则娇小瘦弱一些。

留心观察豆娘，或许会看到它们交配的情景。那是自然界的一道奇观。它们像表演杂技一样，组合成一个美丽的心形，款款齐飞，简直就是“比翼齐飞”的真实写照呢。

怀着一颗好奇心看待自然万物，是幸福的。因为有好奇心，一个人既能看见眼前真实存在的事物，也能感觉到无边无际的未知世界。

昆虫朋友圈

豆娘

近日，豆娘水清公司与专注净水领域的蜉蝣天地公司达成合作，将携手为建设绿水青山共同努力！

20分钟前

❤ 屎壳郎，蜻蜓，蜉蝣，蜘蛛

屎壳郎：有你们这样的良心企业，我们的家园会越来越美好。

豆娘回复屎壳郎：比心！

蜻蜓：我也来推荐一位水质检测专家吧，巨齿蛉，你认识吗？

豆娘回复蜻蜓：久闻这位前辈的大名，它可是活的水质指标啊。

蜻蜓：之前我去探望巨齿蛉时，附近居民说它居无定所，但只在水质洁净之处生活。

豆娘回复蜻蜓：请问你知道巨齿蛉爱吃什么吗？得空我要带上礼物前去拜访。

______：____________________________

______：____________________________

萤火虫的光就是乡愁

萤火虫，夜夜红，
飞到西，飞到东，
给我做盏小灯笼。

每当这首童谣响起，我便仿佛回到了少时记忆中那一片迂回曲折的稻田。

夏夜，天气仍然闷热，偶尔有风吹过，带着一丝丝的凉意，但并不能完全驱散空气里时刻弥漫着的一团团暑气，任凭夜风怎么吹，这些暑气好像只打了一个转，又折返回来。

那时，稻田已是一片金黄，在如银的夜色下，它们闪烁着光芒。与稻穗一起装点乡村夜晚的是萤火虫。它们带着一股泥土的清香，从我们的头顶飞过，留下一点又一点的黄光或者是红光，但更多的是黄绿光，甚至是绿光。少年时见到的这一幕，成为我永远的乡愁。

从乡村走出来的孩子，心中似乎都带着一股浓浓的乡愁。我的乡愁，是黄昏里袅袅升起的炊烟，也是夏夜里此起彼伏的蛙鸣，更是稻田里星星点点的萤火虫。

捕捉萤火虫是乡间少年最拿手的。夜晚，萤火虫一闪一闪地从我们的屋顶飞过，飞向远处的夜空。在没有电灯的乡村夜晚，它们宛若星河。

萤火虫停在屋顶的茅草上，又或者停在河对岸的杂草丛里，看似触手难及，实则不然。这样的距离对我们来说，根本不在话下。一个个在乡下摸爬滚打的少年时刻践行着“办法总比困难多”的道理，在一条长长的竹竿的一端绑上一个纱布袋，然后举着另一端，在河溪边挥舞，就这样，轻而易举地将一闪一闪的萤火虫捕捉到手。

我们将萤火虫装在瓶子里带回家。仔细观察时才发现，萤火虫的身子就像一粒红豆般大小，前胸背板橘黄色，鞘翅黑色，鞘翅外缘又有明显的黄边。脑袋上还有两根触须，高高扬起来，就像天牛的触须。

我们曾捉到一只雄性黄缘窗萤。它生着带状的发光器，到了晚上就会发出黄绿色的光；在遇到危险时，前胸背板的边缘和鞘翅边缘还会反射性出血。

我们所看到夜空中的闪闪流萤，正是雄萤“打着”流动的“小灯笼”寻找配偶呢。因为雌萤没有翅膀，只能静伏在草丛里，靠着一闪一闪的光亮吸引雄萤的到来。

别小看萤火虫，它可是一种凶猛的鞘翅目萤科肉食昆虫——至少对蜗牛而言是这样的，因为蜗牛就是它的食物之一。法布尔在《昆虫记》里惟妙惟

肖地描写了萤火虫给蜗牛“做手术”的细节——

它像是在与蜗牛“拉钩”。它在“拉钩”时，有条不紊，慢条斯理，不慌不忙，每拉一次，都要稍事休息，似乎是在观察“拉钩”的效果如何。它“拉钩”的次数并不多，顶多五六次，就足以把猎物给制服，使之动弹不得。

我见多了萤火虫，对它们越来越熟悉。于是，在书本上读到关于萤火虫的故事也好，诗词也好，我都会不自觉地摘抄下来。其中，车胤借萤光刻苦读书的故事最让我记忆犹新。《秋夕》一诗中，杜牧对萤火虫的描写同样给我留下了深刻的印象。他写道：

银烛秋光冷画屏，轻罗小扇扑流萤。

天阶夜色凉如水，卧看牵牛织女星。

待到深秋，许多昆虫渐次走向生命的尽头。萤火虫也一样，它的一生经过卵、幼虫、蛹，再到成虫，共4个阶段，是一种完全变态昆虫。萤火虫看似拥有“漫长的一生”，实际上，成虫的寿命大多只有3~7天，最长的也只不过二三十天罢了。

每个乡村少年也许都见过萤火虫发出来的光。在这点点光亮指引下，我们走出了乡村，走向了更广大的世界。

昆虫朋友圈

萤火虫

夏夜萤火盛宴又要开始啦！日落后请在清流溪边集合，各色蜗牛大餐和阴凉潮湿的场地在等你！

温馨提示：

1．活动主要面向食肉的幼虫，但也为不吃肉的成虫提供洁净露水，欢迎您来小聚。

2．出行注意避开携带捕虫网、玻璃瓶等工具的人类，以免发生意外。

28分钟前

♥ 步甲，蟋蟀，蜘蛛，法布尔，车胤

步甲：带我一个！我也爱吃蜗牛。

萤火虫回复步甲：下次一定。

法布尔：看来我的判断是对的，我在《昆虫记》里写过你们不介意分享美食。

萤火虫回复法布尔：一起吃才香！

蟋蟀：除了蜗牛你们还吃什么呀？

______：______________________________

______：______________________________

豉甲“臭臭”的生存绝招

霜降之后，岭南地区多是晴天。抬头望天，天空辽阔，深邃而澄澈，一下子就让人有了秋高气爽的感觉。

趁着好天气，到了午后，我和蟑螂老师就往山野里跑——去观虫。溪沟的水明显少了，许多石头露了出来，被秋日的暖阳晒着，暖暖的，感觉很舒服。

在一处小水潭，一只豉（chǐ）甲正在水面游荡，打着转，像一个调皮的孩子。

“它在捕食。”蟑螂老师小声提醒道。

少年时，我在灵界村稻田边的溪沟里也时常见到豉甲。那时候，我并不知道它的学名，大家都叫着乡里的土名——水甘瓢。

豉甲是在水中生活的小型甲虫，因形似豆豉而得名。眼前的豉甲正在水面制造出一圈圈的涟漪。这些扩散出去的波纹，有类似于雷达的功能。当触碰到落入水中的猎物并反射回来后，豉甲就能迅速确定猎物的位置，并马上游过去，将其吃掉。

我们一直盯着豉甲，四周寂静，只有山风在轻轻低吟。豉甲一直在水面打转，似乎还没有捕捉到食物。过了一会儿，不知从哪里又冒出几只豉甲，也在水面打着转。

“豉甲在开碰碰车。”蟑螂老师笑着说，我甚至怀疑他在戏弄我呢。

这时候，这些豉甲一圈又一圈地冲过来，又撞过去，真的像游乐场里开动的碰碰车。

“聚在一起的时候，豉甲对抗天敌就能更自如了。”昆虫学专业出身的蟑螂老师说得有板有眼，

我一下子竖起了大拇指。

我专注地观察着豉甲，试图伸手去捉一只，却发现它们游动的速度非常快。原来，它后面的四条腿都变成了“桨”。这些“桨”又短又扁，在水里前后划动，等于六条腿一起向前推动，一下子就游过水面，逃出了我的“魔爪”。

我多多少少有点不甘心，用随身带来的小网伸

到水里，一点一点靠近豉甲，将它围堵到溪沟的一个角落里。豉甲在慌乱间掉头逃窜，一下子就钻进了我的小网里。

我将豉甲放在一只小盆里，盆里无水。这只豉甲身子圆滚滚的，呈椭圆形；颜色乌黑乌黑的，闪着亮光。

“看到了吗？豉甲的眼睛分为上、下两部分。”蟑螂老师指着豉甲科普着。

豉甲的复眼在头部左右两侧又分成上、下两部分。分布在头部背面的眼睛望向天空，主要盯梢空中的天敌，同时也方便它在水中捕捉在水面活动的猎物。分布在头部下面的眼睛看向水底，既可以让豉甲捕捉水底的猎物，还可以防范那些试图吃掉它的鱼类。

这么一看，纵然豉甲是肉食性昆虫，但毕竟只是小型甲虫，水里、空中都有它的天敌，防不胜防。像刚才那样聚在一起，有了这么多双眼睛，豉甲被天敌吃掉的可能性显然会减小，这也是豉甲的一种生存智慧。

除了这种生存智慧，豉甲还有一个绝招：受到惊吓时，它会像一些臭虫一样，释放出一种让天敌恶心的气味，将天敌“臭”跑。像那些张着血盆大口的鱼类，即使将豉甲吃进去了，最后也不得不将它们吐出来……

山的那一边，云霭一层一层匀了过来，天空渐渐暗沉下来。山里的气温也渐渐下降了，我一直穿着短袖，此时明显觉得有点凉了。其实，在岭南，也只有这个时候，才有那么一点点深秋的感觉。

我们守了豉甲这么长时间，也没发现有哪一只虫子倒霉透顶而掉落到水里，成了豉甲的美餐。这么一想，我们又替豉甲担心：要是今天它们还找不到吃的该怎么办？

显然，这是杞人忧天。自然万物，自有它们的生存之道。虽然这里只是一道浅浅的溪沟，水里的生物却是丰富的，豉甲自有办法。不是吗？

昆虫朋友圈

豉甲

水龟这家伙真记仇，上次喊了它的土名“卖香油的”，后来它每次见到我都恶狠狠地叫我“豉豆虫”。“卖香油的”怎么了？多形象！我的土名“豉豆虫”听着怪可爱的，并不会让我难堪啊。

15分钟前

♥ 蚁后，蜉蝣，蜘蛛

蚁后：我们家工蚁搬回过豆豉，是挺像你的。

豉甲回复蚁后：尊敬的女王，下次再捡到豆豉，请让我去见识见识。

水黾回复豉甲：你在“水上漂”项目撞晕我们队员的事可没完！

豉甲回复水黾：比赛规则里没有禁止撞击这一条啊，我这是充分发挥自身优势！

负子蝽：朋友，原来你就是“豉豆虫”，我还以为你是神医龙虱呢。

蜘蛛：我也这样认为……二位怎么区分呀？

______：____

______：____

摇蚊是一种素食蚊子

夏天时不时就来一场雨，毫无章法。有些雨急遽（jù）而至，一点招呼都不打，说下就下了。此时，我正在野外放牛，一下子就被淋成了“落汤鸡”。

时候尚早，即使成了“落汤鸡”，我也不能牵牛回家。因为黄牛的肚子还没有填饱，明天又要下田干重活，可不能亏待了它。

黄牛吃着草，我则蹲在地上，盯着一片草叶发呆，想一些不着边际的事。突然，微风将一片叶子摇了一下，叶片翻转过来，只见叶片的背面居然停着一只蚊子。

蚊子的翅膀上沾着雨水，湿漉漉的，因此它一动也不能动，只能等待阳光将翅膀晒干。此时，它的六足紧紧抓住叶片，像荡秋千停在半空中一样。我看到它的翅膀如水晶般剔透……

“逮住它，还是放它一条生路？”我正犹豫着。

在灵界村，野外的蚊子跟家里的蚊子一样可恶。我时常一边放牛，一边赶蚊子。黄牛埋头苦吃，我折了一根树枝，不时地在黄牛旁挥着，也不忘在自己的脚边挥几下。野外的这些蚊子，既吞噬牛的血，也吞噬人的血。人畜都为蚊子的繁殖作出过“贡献”。

不知道什么时候，又一阵大雨倾盆而下。

这样的天气，或许根本不需要我出手，它可能今天就会“一命呜呼”了。

这时候，不知道是谁在唱雷州童谣，歌声远远地飘了过来——

饲牛侬子做多挂，雨压衫湿无衫换，
人给条衫又嫌破，给回给人又嫌寒。

这首雷州童谣唱的是，旧时放牛的孩子太可怜，大雨淋湿了衣服，却没有衣服可换。虽然有人给了他一件衣服，可是太破了，根本不能穿，还回去给别人嘛，自己又全身哆嗦，寒冷难耐，如何是好?

歌声让我心头一怔，我那伸出去正准备消灭蚊子的手，又缩了回来。这只蚊子此时就像童谣里的那个冷得直哆嗦的孩子一样可怜，不是吗?

云一散，雨就停了。阳光照下来，暖暖的。我伸手将叶片转了过来，让阳光晒着淋湿的蚊子……

在阳光照射下，我才看清楚，这只蚊子并不算那么可恶，反而有点漂亮。它狭长的翅膀动了一下，但仍然覆盖在背上。有意思的是，它的翅膀有点短，并不能达到腹端，以至它的腹端一直裸露着。修长苗条的六足中，前足明显长于中足和后足。此时，我看见蚊子的前足举起来，摆动了一下，似乎试图松开草叶，在空中摇了几下。也许是想甩掉身上的雨水吧，我想。

我又向蚊子靠近了一点，只见它的眼睛黑乎乎的，好像戴着墨镜，有点酷呢。它头上的触须有浓厚的绒毛，像酋长的头饰，标致极了。此时，它的触须往两边伸出去，我想到的居然是两朵小花——绿色草丛里摇

曳的小花，那一定是造物主对它的偏爱。

“蹲在草丛里干什么？”在不远处干农活的父亲走了过来，正准备带我与黄牛一块儿回家。

“看蚊子。”正观察得入迷，我随口应付着。

父亲也蹲下了，凑了过来。他对自然万物充满兴趣，比我还要痴迷。他的观察明显比我更仔细，一边观察一边自言自语：“这是雄蚊，触角是环毛状；雌虫的触角是丝状。”

“我本来想弄死这只蚊子的，可是……”我欲言又止。

“不用。”父亲轻轻地说，“这是一只摇蚊，长得和蚊子不太一样，多在野外生活，主要食用植物汁液呢。”

“那它是素食蚊子？”

“对！”

“难怪它的口器退化了。”

一只素食蚊子，与自然万物和谐相处，这不是挺好嘛。这么一想，我真庆幸刚才没有对它鲁莽下手……

昆虫朋友圈

摇蚊

唉！好苦恼，最近劝蚊子吃素又失败了，眼看着它飞去人类家里开荤了，真担心明天还能不能看到它。

30分钟前

♥ 白蚁，菜粉蝶，蜘蛛

蜉蝣：自然万物都有各自的生存方式，不强求别的虫子跟你一样，你会快乐很多。

摇蚊回复蜉蝣：善哉，还是你看得开。

菜粉蝶：朋友！你们啥时候还会举行飞行婚礼呀？想围观！

摇蚊回复菜粉蝶：最近傍晚都有，欢迎！

竹节虫：求告知，啥是飞行婚礼呀？

______：______________________________

______：______________________________

蜉蝣在昆虫界算长寿

夏日的风吹过树梢，悄悄地……我在荒野里行走，路过一段弯弯曲曲的溪沟，便停下来，休整休整。

溪水淙淙，像舒缓的音乐，一曲接着一曲地演奏着。汗水渗了出来，我俯下身，双手舀起溪水，朝脸上洒了洒，整个人顿时精神了许多。

突然，一只蜉蝣（fúyóu）出现在溪沟边的树叶上。那是一棵低矮的灌木，枝条的一边伸向溪沟，末端沉到水中；枝条的枝杈昂扬向上，叶色深绿，长势茂盛。

蜉蝣一动也不动，一直趴在树叶上。我将相机对准了它，进行微距拍摄，等放大了，可以清楚地观察到它的样子：复眼黑亮、圆形，较突出；另外，还有3只单眼，非常细小，不太容易发现。

这是一只即将走到生命尽头的蜉蝣，奄奄一息。成虫的生命短的只有几个小时，最长也不过一两天。因蜉蝣生命极其短暂，故而总是被文人骚客借此来感叹人生的短暂，或用来表达对国事的忧心。《诗经·曹风·蜉蝣》就这么形象地描述过：

蜉蝣之羽，衣裳楚楚。心之忧矣，于我归处。

蜉蝣之翼，采采衣服。心之忧矣，于我归息。

蜉蝣掘阅，麻衣如雪。心之忧矣，于我归说。

我凑近了些，发现蜉蝣整个身体柔软细长，背

部呈淡棕色，两对翅膀如同薄而透明的轻纱，弯弯的腹部与长长的尾丝整体呈现出优美的体形。我仔细对比了一下，发现它那条尾丝几乎是身体的2倍长，飘逸而灵动。

观察了好一阵子，我挪了挪身子，往溪沟一处开阔的地方走去。很幸运，我又发现了一只蜉蝣。它似乎刚刚羽化，正停在草叶上晾晒翅膀，还不时扑打着翅膀。

蜉蝣多的地方，水质一向清澈，此言不假。因为蜉蝣是水质的天然过滤器，它的稚虫更是监测水体污染的指示生物之一。在蜉蝣细弱的身体里，藏着7对功能发达的过滤器官。溪水从第一对过滤器官进入，依次经过其他过滤器官，最后从第七对过滤器官排出，这时排出的水已是除去了杂质的清洁水。

此时，荒野里的阳光温煦，正照在蜉蝣的身上。它的羽衣渐渐呈现出无与伦比的美感，两对翅膀像错落生长的树叶，叶脉呈放射状。我最感兴趣的还是它的尾丝：修长而美丽，上面还有一节一节的花纹，在阳光下闪闪发光。

我再次试图靠近这只蜉蝣……也许是我的动作过于鲁莽，一下子惊到了它。蜉蝣抬起头部，尾丝也翘了起来，慢慢飞了起来。它的动作竟是如此轻盈而飘逸，缓缓地，在溪沟的半空中来来去去，装点出一帧独特的画面。

时间渐渐消逝，此刻已近黄昏。我起身，赶往下一个观察点。荒野里，鸟语啁啁，虫鸣唧唧，我却始终没有听见蜉蝣的声音。

也许，蜉蝣太微弱了，微弱到刚变为成虫，生命便要走向终点，仿佛“朝生暮死”这一成语就是为它而存在的。

在这么短暂的时间里，蜉蝣不饮不食，肠内储有空气，可以轻盈飞行。但这不是炫耀飞行技术，而是为了完成繁殖。

我看见一只又一只蜉蝣在溪沟上跳着空中芭蕾，那是它们在寻觅配偶。雄虫的复眼比较发达，能够帮助它们迅速找到雌虫，它们在空中交尾，然后雄虫便很快死去。雌虫缓缓降落到水面，及时将卵产在水里，末了，也悄然走向生命尽头……

蜉蝣看似是生命短暂，实则不然。从卵到稚虫，再到亚成虫，蜉蝣已在水里度过了几个月甚至几年的漫长时光，且经历了20~40次蜕皮，才到了成

虫阶段，演化出玲珑优雅的身姿。这样的生命周期，于一只虫子而言，已算是“长寿”。那些文人骚客，动辄就寄情于蜉蝣，感叹生命的短暂，其中最知名的莫过于苏轼的《赤壁赋》：

> 寄蜉蝣于天地，渺沧海之一粟。哀吾生之须臾，羡长江之无穷。挟飞仙以遨游，抱明月而长终。知不可乎骤得，托遗响于悲风。

这多多少少是误解了蜉蝣。

昆虫朋友圈

蜉蝣

最近又搜集到一些人类粉丝写我的诗句：

“借问蜉蝣辈，宁知龟鹤年。”（郭璞）

“蜉蝣玩三朝，采采修羽翼。”（阮籍）

“归枕蓬莱漱弱水，大观宇宙真蜉蝣。”（李涛）

“蜉蝣身世知何极，胡（蝴）蝶梦魂又一场。”（曾国藩）

虽然诗人们以为我“朝生暮死”，没意识到我只是成虫期寿命短，但爱我的心意我领了。劝君惜取少年时，我珍惜能翩跹起舞的每时每刻。

28分钟前

❤ 蟑螂，豆娘，草蛉，苏轼

摇蚊：怎么感觉人类是拿你来慨叹人生渺小短促呢？真的是爱你吗？

蜉蝣回复摇蚊：至少文学史上有我的身影，足矣。

蟋蟀：第二句我熟，原诗上句是“蟋蟀吟户牖，蟪蛄鸣荆棘”。

蜉蝣回复蟋蟀：这也算一种同框吧。

蟑螂：还能列举一些吗？我收藏一下。

______：________________________

______：________________________

背着“氧气罐”的龙虱

春风吹来的时候，万物苏醒，争先恐后地伸懒腰、冒嫩芽，田野间一下子就热闹了起来……

沉睡了整个冬天的稻田，此时也是一片繁忙的景象。大人赶牛犁田，那些还在地里睡懒觉的虫子被翻了出来，还没等它们弄明白到底发生了什么事，一些鹭鸟已将它们吞进了肚子。

我赤着脚，走在田埂上，正在追逐一只青蛙。它一蹦一跳地，一下子就隐入低处的草丛里。我扑了个空，正想起身，突然发现田埂的末端积着水，形成一片小小的池塘。

只见密密麻麻的蝌蚪在池塘里游来游去，其中一只蝌蚪摆动着尾巴，刚游了一小段距离就被正前方的一只大虫子逮住，吃掉了。

我定睛一看，原来那只大虫子是龙虱（shī）。

龙虱刚吃了一只蝌蚪，另一只蝌蚪又主动送上门来，几乎不用花费一点工夫。龙虱显然成了这一片池塘的主人。

我凑近了，再瞧瞧，发现这只龙虱的背部黑黝黝的，散发出一种光泽，前胸背板及鞘翅侧缘有黄边，且黄边在此处基部最宽，向后渐窄，末端还有钩状。这一圈黄边，装饰了龙虱黑黝黝的背部，多多少少让龙虱显得有了美感。

龙虱似乎觉察到了我的存在，开始游动起来。一个少年对虫子的兴趣一旦来了，哪里会轻易放过它呢。于是，我向它伸出手，但还没靠近，龙虱便早已游开了……

我低估了龙虱的反应能力。

龙虱生活在水里，主要依靠捕食蝌蚪、小螺、

小鱼等为生。它的后足粗壮有力，能在水中非常灵活地行动。因此，想要徒手抓住一只龙虱并非易事。

我继续跟龙虱周旋，斗智斗勇。龙虱似乎故意跟我玩游戏，并没有躲藏到水草里，而是始终在我的手边一圈又一圈地绕。我简直有点气急败坏了，另一只手也伸了过去，试图用双手将它逮住。

就在这个时候，我脚下一滑，身体失去平衡，

“扑通”一声跌进了水里，着实有些狼狈……

第二次与龙虱交手，已到了夏天，正好是早造水稻收割的时候。农人将稻田里的水放干，但总有低洼处积着一些水。在收割稻谷的间隙，我总喜欢在有积水的地方寻找大自然的秘密，当然，我也没有忘记寻找龙虱。

果然，在一处低洼的水坑里，有好几只龙虱在水里潜泳。它的后足像船桨一样，不断地划动着……自由自在的样子，让人羡慕。

吸取了上次的教训，这次我并没有徒手去捉龙虱。我从稻田边的牛车上拿了簸箕，放在水里围堵它。龙虱一看我这架势，显然有点慌乱，在水坑里蹿过来，又蹿过去。我并不着急，理所当然地认为，它们已是“瓮中之鳖”。

然而，就在我走神的瞬间，水坑渐渐浑浊起来。原来，是我的脚不小心搅动了泥土。事不宜迟，我将簸箕往龙虱多的地方慢慢伸了过去，几只龙虱开始逃窜，一头就撞进了簸箕里。

我有点得意，将簸箕提了起来。簸箕里的水一下子就漏完了，龙虱翻滚着。我将簸箕放在岸边，正准备伸手将龙虱抓起来，放在随身带的水桶里。意想不到的画面出现了：一只又一只龙虱从簸箕里飞了起来，往稻田的另一边飞去。

龙虱居然还会飞！而且它的飞翔之姿令人惊讶，更让人意想不到的是，它那对坚硬的鞘翅之下，竟随身携带着一只“氧气罐”。

龙虱的鞘翅，不单是它的盔甲，还蕴含着生存的智慧。雄性龙虱的鞘翅光滑如玉，雌性龙虱的鞘翅则布满了纵条沟，这不仅是性别的象征，更是自然选择的印记。在鞘翅的末端，隐藏着一个小秘密：气门。这个气门，就是龙虱的呼吸之门，也是“氧气罐”的秘密所在。

当龙虱潜泳时，它会将气门伸出水面，如同潜水员的水中呼吸器，让它能够在水下自由呼吸。同时，鞘翅与腹部之间巧妙地储存着空气，这些空气通过贯穿龙虱全身的气管，源源不断地为它的身体提供氧气……

这是一只水生昆虫在大自然里演化出来的生存智慧，不得不叫人敬佩。

昆虫朋友圈

龙虱

今天，大家分享自己幼虫期的照片。我的童年照把同学们吓了一跳——身体像蜈蚣一般修长（但没那么多腿），还有一对大牙，看着不好惹，跟现在的我很不一样。同桌西瓜虫说我这是“反差萌”，哈哈。

1小时前

♥ 西瓜虫，负子蝽

负子蝽：你小时候我还抱过呢，大家都叫你“水虎”。你现在也牛，人类一般不敢碰你。

蟋蟀回复负子蝽：有没有可能，是因为它长得像蟑螂，人类才不敢碰？

龙虱回复蟋蟀：人类真的会叫我“水蟑螂”。

蟑螂：听说你也在广东，小心人类吧。我躲书柜里看书时，发现一本书上夸你是“水中人参”，广东人许广平在写给鲁迅的信里提及你，说“觉得别有风味，但不能以言传”。

龙虱回复蟑螂：不仅如此，我还被人类用来治病……

豉甲：虽然很冒昧，但还是想问一句，用来治什么病啊？

______：____________________________

______：____________________________

“模范父亲”负子蝽

灵界村的水库灌溉着万亩良田。水从上游沿着溪沟往低处潺潺流淌，形成天然的湿地生态。

下游的稻田一畦连着一畦，在某个转角的地方，总会迂回成一片巴掌大的池塘。稻田的岸边，总会种植细叶桉树，形成错落有致的自然景观。

树叶时不时落到池塘里，十来片树叶，仿佛就能够将这一片小小的池塘遮盖住……

别小看这一片池塘，里面藏着很多很多自然的秘密。在劳作之余，我总喜欢往池塘的方向走。我用簸箕在池塘里捞起一条条小鱼，或者拔出一棵棵水草……往往这个时候，我就会发现不少惊喜。

那天，阳光正炙烤着稻田，我正在稻田里插秧，后背被太阳晒得生疼。于是，我悄悄爬出稻田，往池塘边走去，那里正好有一片树荫。

咦，池塘里有一片树叶？

我定睛一看，似乎又不太像树叶。我换个角度再瞧瞧，果然发现这片“树叶”不对劲。

那“树叶”扒在一棵水草上，一动也不动。这时候，我已发现“树叶”边上还有细细的“树枝”，弯弯曲曲的，一数，正好有6根。

我捡起一根树枝，一捅，这片“树叶”竟划动“树枝”，游动了起来……

原来，这是一只负子蝽（chūn）。

负子蝽游到另一棵水草上，继续趴着。它的体色是暗黄褐色，背面较为平坦，腹面突出，头部略钝短，向前方突出，前翅整体有着不规则的网状纹。

就在我观察的瞬间，一只蝌蚪正好游到负子蝽

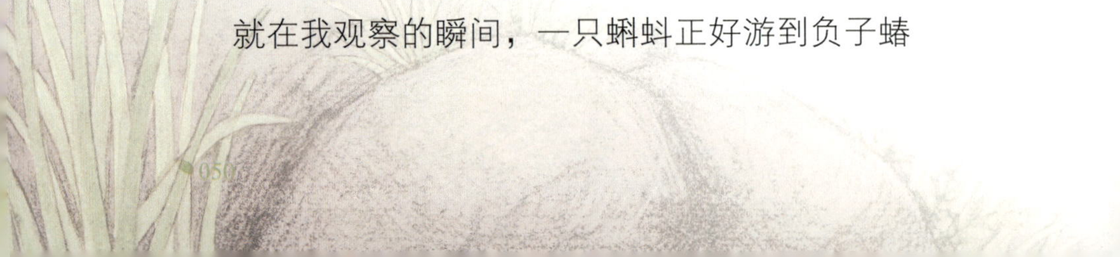

的面前。只见负子蝽用前足迅速逮住蝌蚪，口器一下子就刺入蝌蚪的体内。那是负子蝽正在向蝌蚪注射一种特殊的消化液，等蝌蚪“液化”后，再进行吸食……

在灵界村的池塘、稻田、沟渠等水域，我总能发现负子蝽。这种水生昆虫多生活在静水中，停栖在水草上，头朝下，两只前足张开来，随时出击，捕捉猎物；中足或后足则固定在水草上，只需要耐心等待，相信总会有猎物送上门来。

有意思的是，负子蝽的前足较短，已特化成“捕捉足”，是它的捕猎武器；后足则较长，且中、后足上都长着一排有助于游水的刚毛，演化成“游泳足”。我曾经看到负子蝽在池塘里游泳的场景，因为它在那一片的水草上等不到猎物了，只好换个地方，故伎重演。

生物的繁衍，总有它们自己的方式。雄负子蝽捕食时凶猛，养儿育女时温柔，有时候连人类也自愧不如。

又是那一片小小的池塘。我看见一只负子蝽的背面有着一排排淡黄色的卵。它一会儿趴在水草上歇息，一会儿又潜入水里游荡。

“负子蝽为什么会驮着这么多卵在游泳呢？”我很不解。

“那是雄虫，负责照料这些卵。”父亲轻声说。

“雌虫跑到哪里去了？”

“雌虫产了卵之后，就离开了雄虫，到其他地

方独自生活了，甚至有可能已经死了……”

“雌虫为什么对自己的卵不管不顾呢？”

“那是负子蝽的生存方式。”

与父亲的对话并没有深入下去，我们了解的昆虫知识仅此而已。但是，多少年过去了，我仍然记得雄负子蝽背上的那一排排淡黄色的卵，并试图去寻找更多与负子蝽相关的秘密。

原来，雌、雄负子蝽交配之后，雌虫就不用再干活了，只需要趴在雄虫的背上，连进食都由雄虫负责。

一段时间后，雌虫开始在雄虫的背上产卵。这些卵一颗又一颗地附着在雄虫的背上。

要是这些卵被水冲掉了，怎么办？昆虫有自己的办法。雌虫产卵前就在雄虫背上分泌出一层又一层的黏液，然后将产下的卵一一粘附在雄虫的背部。

雌虫一次能够产四五十颗卵，且卵粒之间不会重叠——它们会借助胶状物在雄虫的背上粘成卵块，让卵与卵之间留有间隙。

有意思的是，这么多的卵，全部由雄虫独自照料。雄虫不能去太冷的水域，因为水温太低可能会导致卵不能孵化，甚至被冻死。同时，雄虫还要提防水里的天敌，稍有不慎，就会前功尽弃。

雄虫的辛苦绝不仅如此。

在水里，雄虫需要上下游动，不时浮出水面，以便让卵呼吸新鲜的空气，保证卵的正常发育。待卵成功孵化后，幼虫还要在卵壳里生活一段时间……

幼虫一天天长大，直到它们可以自己独立生活时，雄虫才会轻轻翘起后足，慢慢地将幼虫“踢”下水……这时候，雄虫的养育工作才算告一段落。

这么说，雄负子蝽果真是昆虫界的“模范丈夫”，更是“模范父亲”。

昆虫朋友圈

负子蝽

今天的“昆虫奶爸交流会”太棒了！我找到了同类。谁说爸爸不能育儿？除了我和我的同科表兄田鳖，还有无翅大头粪金龟爸爸也会带娃。最让我震惊的是隐尾蠊，它会跟伴侣一起照顾幼虫多年，多么温馨的家庭啊。

53分钟前

♥ 龙虱、田鳖、豉甲、拟叶蝶

龙虱：你跟田鳖太像，我经常认错。

田鳖回复龙虱：我们照顾孩子时很好区分的，背着卵的是负子蝽老弟；我家的卵一般在靠近水面的树枝或石块上，我不会背在背上。

负子蝽回复龙虱：我表兄说得没错，而且它的个头比我大，虽然我们都是凶猛的捕食者。

豉甲：兄弟太辛苦了，你想吃啥？我这就去抓来给你补补。

______：______________________________

______：______________________________

总是要与蚊子斗智斗勇

在灵界村，几乎所有人都会骂蚊子，口沫横飞地骂，咬牙切齿地骂，深恶痛绝地骂……

但是，也有骂错的时候！

蚊子的一生经历卵、幼虫、蛹和成虫四个阶段。前三个阶段主要生活在水里，这时候的蚊子对我们似乎并无实际威胁。等变为成虫了，它们飞起来，雌蚊处处咬人，让人忍无可忍，而雄蚊根本就不咬人，这岂不是冤枉了雄蚊吗？

少年时候的生活，可用一个字来形容：穷！一张蚊帐，总有打不完的补丁。蚊子总会神不知鬼不觉地钻进蚊帐里，或伏在大腿上，或停在手臂上，甚至趴在脸蛋上，吸呀吸……

通常，天一亮，我睁开眼睛后做的第一件事，必定是先在蚊帐里收拾那些满腹鼓胀着鲜血的蚊子。

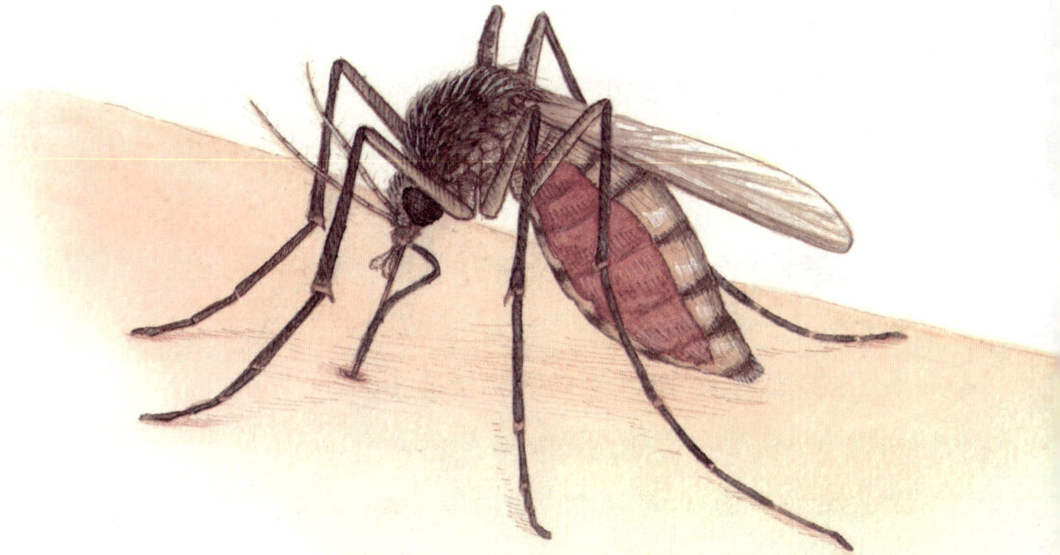

到了午间，全村的孩子聚在榕树底下开始聊天，这是少年时的我们最喜欢干的一件事。

“昨晚睡觉前，我整整消灭了20只蚊子。”

“今早，我刚起床，蚊帐里的蚊子就全军覆没了。”

“梦里，我攻入了蚊子的阵营，杀啊杀……”

每个小伙伴都越说越兴奋，似乎早已忘了被蚊子叮咬过的痛苦。

“那些咬人的蚊子都是母的。”我刚说出口，小伙伴便投来异样的目光，撇了撇嘴：“鬼才信！”

这种时候，小伙伴发出来的鼻音，甚至可以将一只蚊子掀翻在地。

“你怎么知道，它们中哪只是公的，哪只是母的？”小伙伴一追问，我就答不上来了。

雄蚊不咬人的秘密，其实是父亲告诉我的。可是，他并没有教我如何辨认雌蚊和雄蚊。此时的我，只能涨红着脸……

后来，我慢慢揭开了这个谜底：雌蚊身体上通常有明显的花纹，雄蚊则没有；雌蚊体形通常偏大，雄蚊则相对瘦小一些。

要是再细心一点，还可以发现，原来雌蚊的触角较短，仅有两根“线”，一下子就能数过来；雄蚊的触角鞭节较长，各节上面还有环毛，呈丝状，有点类似于刷子。

最让我扬眉吐气的，当然就是这个事实：咬人的蚊子一定是雌蚊，雄蚊是不咬人的。雄蚊主要吸食植物的花蜜以及茎叶里的汁液，是十足的素食主义者。

雌蚊叮人，似乎还有一个原因：只有吸了血，雌蚊的卵巢才能发育完全，才能产卵、繁衍后代，才有人类与蚊子斗智斗勇的故事。

蚊子至少在1.3亿年前就出现在地球上了，在黎巴嫩发现的蚊子琥珀就是实物证据。

蚊子虽小，却有着极其传奇的色彩，它被形容为“带翅的胜利之神”。英国作家D. H. 劳伦斯在

《蚊虫》一诗里就是这么写的：

但我现在知道你玩的把戏了，你这变化多端的巫师。

奇了怪了，你竟然能够在空中潜行、逡巡

转着圈子，躲躲闪闪，把我笼罩

你这个展着飞翔的食尸鬼

带翅的胜利之神。

在中国，似乎没有人愿意称蚊子为“胜利之神”。我们痛恨蚊子，对它避之不及，因为蚊子简直是昼夜不停、风雨无阻地侵扰我们。尤其是夜里睡觉的时候，蚊子无休止地骚扰叮咬，嗡鸣声不绝于耳，叫人发疯，让人恨不得与蚊子决一死战。且看那个永远的“战神”鲁迅在蚊子面前的囧状：

然而我已经磕（瞌）睡了，懒得去赶他，

我蒙胧（眬）的（地）想：天造万物都得所，

天使人会磕（瞌）睡，大约是专为要叫的蚊子而设的……

这算不算是鲁迅向蚊子“缴械投降”了？

其实还不算。鲁迅最受不了的，还是蚊子在他耳边嗡嗡叫，那才叫折磨人。鲁迅在《夏三虫》里简直是痛数蚊子之恶：

蚊子便不然了，一针叮进皮肤，自然还可以算得有点彻底的，但当未叮之前，要哼哼地发一篇大议论，却使人觉得讨厌。如果所哼的是在说明人血应该给它充饥的理由，那可更其讨厌了，幸而我不懂。

在我的少年记忆里，灵界村的蚊子简直是无法无天。一天24小时，它们仿佛完全占据着我的生

活。尤其到了夏天，蚊子漫天飞舞，嗡嗡的叫声聚在一处，简直响如雷……

记忆最深刻的，要算黄昏时每每牵牛进牛棚，蚊子便如潮水般汹涌而至，迎面与我的眼睛相撞，嘴巴稍不闭紧，便有几只蚊子直冲到嘴里来，更有甚者，一下子滚到喉咙里，让人恶心得想吐，却怎么也吐不出来。

哼，蚊子呀蚊子，我对你怎一个恨字了得！

昆虫朋友圈

蚊子

急，如何让摇蚊别在我耳边嗡嗡叫了？跟它说了多少次，还不死心，总劝我吃素。姐今天就把话撂这了——我可不是吃素的！（此条已屏蔽摇蚊）

5分钟前

❤ 跳蚤，蜱虫，臭虫，蚂蟥，蜘蛛

蜘蛛：姐姐豪迈！最近在哪儿开荤啊？摇蚊吵，你别怕，告诉我它在哪，我来说服它。

菜粉蝶：别理蜘蛛，这家伙高强度上网，对我们来说很危险。

蚊子回复菜粉蝶：谢谢提醒，我拉黑它。

苍蝇回复蚊子：嘻嘻，你也会觉得吵？你嗡嗡唱歌的时候可把人类烦坏了。

蚊子回复苍蝇：不了解姐就别吭声，我可不是唱歌发声，是靠翅膀基部的一个器官跟翅膀摩擦发出的声音。

苍蝇回复蚊子：那跟我很像嘛，我也是靠翅膀发声的。

萤火虫回复苍蝇：人类烦的不仅是声音，恐怕还有她们传播的疾病吧。

苍蝇回复萤火虫：哦？她们会传播什么疾病啊？

______：______________________________

______：______________________________

每一只蜻蜓都是一首灵动的抒情诗

一

看见蜻蜓飞起来的瞬间，一个少年的心就会顿然变柔软……它款款而飞，或低低地点了点水，那是它在产卵；又或者静静地停在草木上，那是它在晒翅膀……

每一只蜻蜓都是一首灵动的抒情诗。

在灵界村的池塘边上，总能看见白刃蜻蜓朴素的身段。翅膀上布满了碎白点花纹布的色调，看不到惊艳的色块，却有一种恰到好处的美。

我最喜欢的，还是白刃蜻蜓水蓝色的眼珠，怎么看，都觉得那是一对玻璃弹珠，又像是硕大的露珠，缀在草木上，惹人怜爱。

在灵界村巷道的某个角落，时常冒出一片小小的菜园子。菜园子用竹竿围着，有些竹竿短，有些竹竿长，被错落有致地放置着。那些高高挺立着的竹竿上，时常停着一只白刃蜻蜓。

白刃蜻蜓的翅膀呈“V”字形，上半身微微向前倾斜，尾巴有时轻轻向上扬了扬，这情景总会让人想起那个美妙的词语——轻盈。

二

夏日阳光浓烈，照耀着池塘里的波纹，一派熠熠生辉的景象。

池塘边，停着一只绿胸晏蜓。

绿胸晏蜓将褐色的翅膀挺起来，阳光照在翅膀上，闪着金色光芒。

这一片池塘似乎

总会迷住蜻蜓。前几天，好多的白刃蜻蜓一直停栖在这里，过了几天，又来了几只绿胸晏蜓，与白刃蜻蜓混在一起。它们像贪玩的孩子一样，不时地嬉戏玩耍……

绿胸晏蜓似乎更调皮一点，仅仅玩上两三天，它们就又飞走了，去寻找下一个好玩的地方。那个地方，或是低地里的沼泽，或是稻田边的溪沟。

那些静水的地方，总会让绿胸晏蜓着迷。要是到了傍晚，它们还会成群结队，在池塘的上空飞舞着，一圈又一圈，场面壮观又迷人。

三

灵界村还有一种黑色的蜻蜓，但并不太容易见得到。那时候，我们偶尔会穿过一片低低的小树林，钻进一处黑幽幽的溪沟里。

那里有好多鱼。

我们去捉鱼，双手抱起一块又一块湿漉漉的石块，将上游的水堵住。当然，想要完全堵住，那是

不可能的。石块与石块之间总有间隙，那些溪水穿过间隙，一点一点流走。

不过这些是无关紧要的。

上游流下来的水渐渐少了，有些鱼就会逆流而上。我们守在一个弯弯的沟里，有鱼闯进来时，我们手忙脚乱地冲过去，鱼与人混战着……

没有鱼的时候，我们便坐在石块上看风景。

黑色的蜻蜓就这样出现在眼前。

那是一只黑色蟌（cōng）。

午间的阳光穿过稀稀疏疏的树叶，照射下来，正好打在黑色蟌的翅膀上，闪闪发亮。

任何一只蜻蜓，都无法拒绝阳光的恩惠。它的翅膀不仅仅是为了飞行而存在，我想，还应该为阳光而存在。

每一缕阳光打在蜻蜓的翅膀上，都会幻化出无与伦比的美。这样的美，总让人心动，哪怕是打在一只黑色的蜻蜓翅膀上。

黑色蟌多出现在初夏5月至深秋10月。仔细观察会发现，黑色蟌的身体呈青铜色，翅膀呈黑色。要是到了傍晚日落时，天色渐暗，看到一只黑色蟌飞行，似乎有一种说不清的“鬼魅”之美。

四

还有一种黑色蜻蜓，名字就叫黑丽翅蜻。要是望文生义，其实很好理解：黑而美丽的蜻蜓。

谁敢说黑色不美呢？看看黑丽翅蜻就能得到答案。它们的身体黑而不暗，比明亮的色彩多了一份神秘的魅力。

还是在那一片池塘边上。黑丽翅蜻扇动着宽大的翅膀，不紧不慢地翩跹起舞，舒缓而优雅。

在池塘上空绕了两圈后，黑丽翅蜻落在水边的一株草茎上。我也放缓了脚步，慢慢地挪了过去。

黑丽翅蜻正背着我。我凑近了一看，觉得它的翅膀并不完全是黑色的，而是有一种彩虹般的光泽，仿佛涂着七彩色调，一下子就让黑色灵动起来。

后来的后来，我找来昆虫图鉴，对照着认真端详黑丽翅蜻，才发现它们的翅膀尖端各有特色，有的全黑，有的黑里透着浅白色，还有的只是透明处涂着几块黑斑，总让人觉得，每一个着墨点都有着

大自然精巧绝伦的小心思。

五

细螅总是小巧玲珑的，像一根短小的细线，在空中飘呀飘……有时候，真担心它会摔下来。

要是一直盯着细螅，又觉得，它忽上忽下地飞着，就像一个调皮的孩子在玩耍。

捕捉一只细螅，似乎比捉一只大蜻蜓还要难，它灵活的身姿让人拿它一点办法都没有。

因为细螅身形细小，一转身，便从我的网里溜走了。刚想着将网往回收，去追踪它的身影，它又突然回到刚才的位置，让人又好气又好笑。

每一只细螅都有着绿色的身体，上面散发着一层金属般的光泽，总是

让人着迷。

这些细蟌更多地出现在稻田边的溪沟里。它们一只又一只，停在溪沟边的草丛上，像精灵散落在人间，静谧而美好。

六

节气来到寒露，天气一天比一天凉。这个时候，走在荒野上，总有一种寂寥的感觉。

虫鸣声渐渐少了，就连潺潺流淌的溪水也缓了下来，万物好像进入静默的状态。

突然，我的眼前出现一群薄翅蜻蜓，腹部背面带着浅浅的红色，这就是孩子们心目中的“红蜻蜓”。

其实，这是一群迁徙的蜻蜓。薄翅蜻蜓像候鸟一样，北方降温了，就往南方飞呀飞，一直飞到温暖的地方过冬。

这一群薄翅蜻蜓停在空旷的荒野上，那里的阳光充足，让人感觉暖暖的。阳光照耀着薄翅蜻蜓暗橙色的翅膀，闪闪发亮。

盯着薄翅蜻蜓，总觉得时光会静止，那是一只昆虫给世界带来的美好瞬间。

也正是在这样的岁月里，我越发怀念少年时光。那时候，走在池塘边，总能看见一只又一只蜻蜓翩跹而过，轻盈而灵动……

因为有一群这样的蜻蜓存在，我对生活多了几分热爱。

昆虫朋友圈

蜻蜓

天气转暖，蜻蜓目家族的聚会越来越多啦。我们家族庞大，光是“相亲相爱一家虫”聊天群都建了几百个，大家还都是“e”虫，每次都热闹到不行！不信？稍后我把聚会图发上来，看看您能不能认全我们吧！

40分钟前

❤ 蜻蜓，豆娘，豉甲

豆娘：今天太开心了！感谢表哥找到这块水清草绿的宝地。

蜻蜓回复豆娘：开心就好，有空常聚！

龙虱：我说，你们聚会时看好幼虫，下次再跑我地盘上吃吃喝喝，我可就把它们放餐盘里了！

蜻蜓回复龙虱：池塘是大自然的，水里有那么多孑孓、螺类、小鱼小虾，孩子们再能吃也吃不完，怎么就妨碍你了？

龙虱回复蜻蜓：我们的食谱重合率这么高，你们又虫多势众，会不会吃完很难说！

蜜蜂回复蜻蜓：别上头，不要仗着诗人爱写你们，就忘记养鱼人多讨厌你们！

竹节虫回复蜜蜂：哦？养鱼人为啥讨厌蜻蜓大哥呀？

______：______________________________

______：______________________________

你喜欢哪些水生昆虫？试着在图中画出来，让这场水边聚会更热闹一些吧！

下辑

陆生昆虫

陆生昆虫数量繁多，它们在地球的各个角落铺陈开来，构成一个奇幻的昆虫世界。像东方水蠊，仿如上古遗留下来的生物；像螽斯，总喜欢给荒野演奏“天籁之音”；像蟋蟀，歌声隐藏着生命的秘密……

每一种陆生昆虫，都在以自己的方式，参与到复杂而又精妙的湿地生态系统里，共同编织出地球上最绚烂多彩的生命图景。

东方水蠊像上古遗留的生物

夏日的夜总是来得晚一些，时钟已显示黄昏时分，夜的影子却还没有一个谱。

我和蟑螂老师带着孩子准备夜观昆虫，但沿着金钟湖公园的小径走了很久，周围仍然一片光亮。好不容易才拐到一条河溪边的土路上，周围被植株覆盖着，这才有了一点点夜晚的味道。我们打开头灯，灯光照在枝叶上，有些虫子纷纷逃到叶片的背面躲了起来；也有一些趋光性的虫子，像饿狼一样扑了过来，围着我们的头灯飞来飞去。

蟑螂老师的儿子吴铮然才6岁，轻车熟路地跑到前方带路。我家何响已12岁，却总躲在我的身边，寸步不离，甚至嗫嚅道：“爸爸，我怕黑！”

“蟑螂！”吴铮然喊了一声，跑了过去，蹲下身就准备捉虫。我一时没反应过来，以为他是在喊蟑螂老师。

“蟑螂脏，不能捉。”何响倒是反应了过来，连忙制止。

“那是东方水蠊（lián），蜚蠊目，光蠊科，跟我们通常说的‘蟑螂’同目。”蟑螂老师在求学期间恰恰就是研究蟑螂的，他看见孩子捉住的虫子后，一堆昆虫学知识脱口而出，“这种蟑螂是吃植物的，不脏，可以捉。”

“噢？”何响将嘴巴张得大大的，一脸的不可思议。那一刻，何响的脸上似乎写着一个大大的“尬”字。

被科普了这个知识点后，何响也跟随小伙伴一起去捉东方水蠊，然后将其装进透明的小瓶子里，不时举在眼前观察。

“像个缩小版的盾牌。”何响倒是观察到了细节。

东方水蠊的体形扁平，前胸背板的边缘还有白色的斑纹。整体上，它的体色其实跟我们在家里看见的蟑螂几乎是同一色系：红棕色。但是，家里的蟑螂有翅膀，偶尔会飞，东方水蠊却没有翅膀，此时它们一直在快速爬行，一下子就钻进了树缝里。

“如果没有我们的打扰，这一片靠近河溪的区域就是东方水蠊的地盘。它们一到晚上就会出来活动。”蟑螂老师娓娓道来，“到了白天，它们就躲藏在朽木下、大石缝间，又或者树缝里。”

之所以选择有水域的地方，是因为东方水蠊的幼虫喜欢水，常在溪石下潜行。待到了成虫阶段，它们便爬上岸，靠植物的叶子生存。

夜观昆虫的旅程快要结束的时候，我们已经捉了十几只东方水蠊。它们挤在瓶子里撞来撞去，像一群调皮的孩子。我们赶紧丢了一些树叶进去，它们有的默默啃树叶，有的爬到树叶上面继续撒野，真是一群不安分的虫子。

“带回家，当小宠物养着。”蟑螂老师对何响先是笑了一笑，再一本正经地说。

“这也可以当宠物？”何响又一脸的疑惑。

“东方水蠊看起来像上古遗留的生物，很有特色，很多人把它当成宠物昆虫来饲养。”蟑螂老师侃侃而谈。

带回家的东方水蠊被安置在一个大瓶子里，何响时不时跑过去观察一番。过了一段时日，他的兴趣渐渐减弱。但是，一旦打开自然观察的大门，也许下一次会遇见更有趣的虫子，又或者再次遇见东方水蠊的时候，他也能说出个所以然。

这就够了。

昆虫朋友圈

东方水蠊

蟋蟀说人类不敢碰蟑螂，那是因为人类一直认为蟑螂脏！但其实我们家族是虫子中少有的爱干净的。你看我们家族里的成员一个个油亮油亮的，那是因为我们的身体表面光滑且具有蜡质层，而且我们还经常清理身体。而我，作为一只野外蟑螂，主要吃枯枝落叶，以天为幕，以地为席，别提多开心了，哼，谁会去人类那脏脏的屋里凑热闹！

10分钟前

❤ 白蚁，美洲大蠊，蟋蟀

白蚁：原来上次在我旁边吃树叶的是你。

东方水蠊回复白蚁：竟然是你，下次再约哦。

美洲大蠊：兄弟，人类那脏脏的屋里好吃的多呀。

东方水蠊回复美洲大蠊：兄弟啊，可长点儿心吧，你忘记康复新液了吗？

白蚁回复美洲大蠊：难道你也被人类用来制药了？治啥的呀？

______：______________________________

______：______________________________

菜粉蝶翅膀合起来变成“黄叶”

一簇又一簇的绿植将城市里的小区包围了起来，推窗见绿，每天都闻得到花香，看得到蝶飞，也听得见鸟鸣……

眼前这棵刚移植过来的榔榆（lángyú），植株并不高。虽是落叶乔木，但更像是灌木，与杂草长在一块儿。几根枝条朝路边伸出去，一不小心，很可能就“绊”到了裤脚。

“咦，才到初夏，怎么就长出了黄叶子？”我看见枝条上的一丛绿叶上，夹杂了一片黄叶，不禁停下了脚步。

这个习惯，是我在以前学着观察自然万物时养成的。也许，一枝一叶间，总会藏着大自然的某些秘密。

才停下来一会儿，那片黄叶似乎动了一下。也许是风吹过，也许是……但是，直觉告诉我，好像哪里不对劲呢。

凑近一看，果然有异样。原来，那是一只黄色的菜粉蝶，正好停在这几片绿色的树叶之间。它将两片淡黄色的翅膀收拢起来，竖在背上，合成了一片椭圆形的“黄叶”。

奇怪的是，菜粉蝶并没有飞走，翅膀上的纹路清晰可见，看得见星星点点的斑点，我甚至可以数得出来具体数量。

这种伪装成“黄叶”的行为在生物学上就叫拟态。它太清楚，要想在自然界生存，没点技能可不行。它不厌其烦地拟态，那是在与生命竞赛吧，我想。

我还见过一种蝴蝶——枯叶蛱蝶，它挂在樟

树的一大片枯叶上，随风飘荡。纵然旁边有黄叶落下，它仍然稳稳地挂在枯枝上。如果不是它主动飞走了，谁会想到，那片“枯叶”就是枯叶蛱蝶呢。

生命里的感动，有时就在一片“黄叶”或“枯叶”间。这些蝶类为了生存，无时无刻不在与自然斗智斗勇。

还有一次，我正在一片草地上寻觅蚱蜢。蚱蜢没找着，倒是发现了一只菜粉蝶。说实话，在蝶类中，菜粉蝶并不漂亮——漂亮的蝴蝶太多了，它根本排不上号。

要知道，菜粉蝶的幼虫是丑陋不堪的菜青虫，人见人厌。菜青虫时常出现在菜园子里，躲在菜叶的背面啃咬菜叶叶肉，

留下表皮，在菜叶上形成一个透明的斑，俗称“开天窗”。

停在榔榆上的这只菜粉蝶，可能也像我一样，在寻觅着什么呢。我正想伸手去捉它，突然发现菜粉蝶的触须上有一只蚂蚁。

菜粉蝶的触须有一节一节的纹路，顶端粗，有点像小鼓槌。当它将翅膀竖起来、头低下去时，我真担心，那对小鼓槌会将它的整个身体掀过去，让它摔个鼻青脸肿。

后来，我才知道，那对小鼓槌其实是菜粉蝶的信息接收器。跟蜗牛的触角一样，像天线那般，接收自然的信息。它可以感知空气的流动，感触气温的变化，以及收集异性释放的信息……

我静静地观察，这只蚂蚁在菜粉蝶的触须上爬来爬去，这儿嗅嗅，那儿嗅嗅，似乎也嗅不出一个所以然。我甚至有点替蚂蚁担心，要是菜粉蝶生气了，会不会把它也吞食了呢？

哪想到，这只菜粉蝶一点反应都没有，仍然

一动也不动地趴在草叶上，任凭这只蚂蚁将它嗅了个遍，直到爬到另一片草叶上，它也没有作出任何“反击”。

朱赢椿老师在《虫子旁》一书里，写到了春天里的菜粉蝶——

菜粉蝶也想赶在蜜蜂的前头，去吮吸最新鲜的花蜜，虽然它的衣服总是那么素朴，但翩翩起舞的粉色身影在书坊灰色砖墙的映衬下，却也显出另外一种高雅。

原来，被世人称为“蝶中败类”的菜粉蝶在艺术家的眼里，竟会“显出另外一种高雅”，还真是“各蝶入各眼”呢。

昆虫朋友圈

菜粉蝶

妈妈把我生在卷心菜上时，我只是一颗小小的卵。

当我从卵壳里爬出来呼唤兄弟姐妹的时候，只能听到很少的回应。一定是可恶的广赤眼蜂偷偷地把卵产在兄弟姐妹的身体中，然后把他们吃掉了。

我想起妈妈曾经的叮嘱，决心要好好保护自己，健健康康成长。

呃，对了，我得先把自己的卵壳吃掉。

17分钟前

♥ 枯叶蛱蝶，蚂蚁，萤火虫

萤火虫：长大的过程不容易啊，记得小时候，体内的蜕皮激素让我每过一段时间就要换一次衣服，真是又累又难受。

菜粉蝶回复萤火虫：抱抱。

枯叶蛱蝶：等你长到和你妈妈一样大的时候，我教你隐身术。

菜粉蝶回复枯叶蛱蝶：谢谢阿姨！

蜜蜂：宝宝，你多久才能长到成虫呀？到时候我找你玩！

______：______________________________

______：______________________________

西瓜虫[1]藏在潮湿的地方

西瓜虫喜欢躲在瓦片底下，哪里潮湿，哪里就有它们的身影。这一点，我非常有感触。因为我家院子角落里丢弃的瓦片下面，就藏有很多西瓜虫，千真万确。

一个孩子的好奇心来了，他就会往院子的角落里跑。我掀开瓦片，一下子就逮到一只西瓜虫。此时，它似乎正在酣睡，灰褐色的身子蜷缩成椭圆形，根本分不清头和尾，简直像一个微型西瓜。

1. 西瓜虫是节肢动物，不是昆虫。它以昆虫的朋友身份入住本书。

我伸手将西瓜虫拎起来，它知道逃不掉了，只好装死，躺在我的手掌心，一动也不动。这个鲁莽的孩子，将“屋顶”都掀了，它能有什么办法呢？

西瓜虫没有尖利的牙齿，即便咬一下人类的手掌，也不过如同挠痒痒；更没有一针见血的毒针，甚至连放“毒气”的招数都没有，遇到危险只能蜷缩起来，将身体最薄弱的地方藏好。

这只西瓜虫，背脊上一节又一节的斑纹，怎么看，都觉得像西瓜的纹路。真不知道，西瓜虫的名字，是不是源于这一点呢。

我是后来才知道，它的学名叫鼠妇。我宁愿它叫潮虫，又或者叫地虱子，总比“鼠妇”好听吧。当然，西瓜虫算是它最好听的名字了。

少年时，在灵界村见到的那些西瓜虫，都成了我们的玩具。逮到一只西瓜虫，我们可以玩上大半天。要是玩腻了，有时候还会搞一下恶作剧，将西瓜虫放在同学的笔盒里，等待一场惊天动地的慌乱。但慌乱之后，就会有老师出现，将我们好一顿

训斥，谁也不敢再这样了。

西瓜虫不轻易见光，大多时候生活在潮湿的石块下、腐烂的木料下，又或者是阴暗的树洞里。有时候，在潮湿的草丛、苔藓丛中也能见到它们的身影。

我家的水缸就放在院子的角落里，那个地方非常潮湿。每次给水缸换水，我都将水缸倒过来检查一番，定能找到好几只西瓜虫。它们藏在缸底恐怕是有一段日子了，饿的时候，悄无声息地爬出来，不远处就有几棵植物。那些嫩茎和叶片，都是它们的食物。

水缸被我挪到院子的瓜棚边，缸底朝上。母亲希望将缸底晒一晒，将缸底的细菌杀一杀。几只西瓜虫似乎还不知道发生了什么事，被阳光刺得慌乱起来。

一只西瓜虫从缸底摔了下来，估计是摔得不轻，四脚朝天，动弹不得。还有几只依然蜷缩着身子，趴在缸底上，任凭阳光暴晒。过了一会儿，我伸手把它们翻正，却发现它们再也没有了动静。也许是太阳过于暴烈，将它们晒死了。

摔到地面上的那只西瓜虫仰面躺着，瓜藤帮它挡了不少阳光，否则很可能也被晒死。但是，地面太滑了，周围什么东西都没有，它向空中扑腾着手脚，却一点力都使不上，只能干着急。

这只西瓜虫似乎折腾得有点累了，于是缩成一团，许是在歇息，以保持体力。我干脆搬来凳子，就坐在瓜棚下，看它的笑话。

它很快又将手脚伸了出来，有点张牙舞爪的样子，但仍旧使不上力，只能在原地打转。冒失之中摔的这一跤，真是让它吃尽了苦头。

太阳开始西斜，此时，如果有一阵风能帮它一把，或许它就能翻过身来，逃出生天。

可是，一点风都没有。雷州半岛的夏天热起来，风的影儿都望不见的。我几次伸手，准备帮它一把，却又缩了回来。

我倒是想看看，一只西瓜虫到底能不能创造生命的奇迹呢。很可惜，奇迹没有发生，倒是一只蚂蚁路过此处，发现了这只巨大的西瓜虫，一阵狂喜，爬上去就咬。发现咬不动后，蚂蚁爬了下来，向蚁群发出了信号。

很快，几只蚂蚁沿着墙根爬了过来，你一口，我一口，对西瓜虫又是咬又是拖。西瓜虫在慌乱中打滚，居然成功翻过了身。

遗憾的是，为时已晚。蚂蚁越来越多，将西瓜虫团团围住，没多久，就将它拖动起来，一步一步往墙根的蚁巢里拖着爬呀爬……

夕阳渐渐落了下去，这一场生命的角逐，蚂蚁成了最后的赢家。

昆虫朋友圈

西瓜虫

有朋友好奇每次玩走迷宫的游戏时，我都能很快就走出来。其实很简单啊，我就是每次遇到障碍的时候，先向左转，再向右转，再向左转（或先向右转，再向左转，再向右转）……一直这样交替进行，最后不知不觉地，就走出来了啊。

34分钟前

❤ 龙虾，蜈蚣，螃蟹，蜘蛛

龙虾：亏我们还是亲戚呢，为啥去玩的时候不带上我啊？

西瓜虫回复龙虾：下次一定叫上你。

蜈蚣：虽然我腿多，但我觉得你这个方法也挺适合我的。

西瓜虫回复蜈蚣：是吗？那我上次问你走路一般是先抬左脚，还是右脚，你怎么连路都不会走了呢？

蜈蚣回复西瓜虫：你……小心人类在你周围撒盐！哼！

螃蟹回复蜈蚣：为啥？他怕盐吗？

______：________________________________

______：________________________________

草蛉像艺术家，更像工程师

灵界村北面的灌木丛一片连着一片，一字排开，足足有几千米。灌木丛旁还长着榕树、樟树、竹子以及一些叫不出名字的藤蔓，形成了一片风水林。

“到了冬天，北风从田野那边吹过来，有这片风水林挡一挡，多好。”母亲总是喃喃自语。

灌木丛里藏着大自然的秘密，我们钻进去挖竹笋，又或者摘野果，当然也少不了捉迷藏。那里是灵界村孩子们的秘密基地。

我就是在这一片灌木丛里发现了草蛉（líng）

的卵。每一粒卵都用一条长长的丝线挂着，垂在一条横出来的枝条上，就像母亲在竹竿上挂着什么东西似的。我仔细一数，枝条上居然挂着十四粒卵，排列得整整齐齐，简直是工整的艺术。

午后的阳光穿过密密匝匝的丛林，正好照在这些卵上。这些卵就像一枚枚微缩版的鸡蛋，或者更准确地说，这些白色的卵如一粒粒白芝麻。

这些卵是如何挂在纤细又柔韧的丝线上的呢？草蛉又为何将它们挂起来？我百思不得其解。如果母亲要在竹竿挂一块五花肉，那是轻而易举的，但对于一只草蛉而言，要将一粒卵产出来，而且还要挂在这么细的丝线上，这谈何容易？

后来我才知道，草蛉产卵前，会先用尾部分泌一点黏胶，牢牢粘在植物茎叶上，然后腹部上翘，将黏胶拉成细细的丝线，此时产的卵就顺利粘在丝线上了。草蛉之所以将卵挂在丝线的末端，并且在丝线上放几滴细小的“露珠”——保护剂，也就是毒素，是因为要防止蚂蚁偷吃卵。

这么看，草蛉不仅像一个艺术家，更像一个工程师，在产卵时还要进行抗风险设计。

草蛉的一生，要经过卵、幼虫、蛹和成虫四个阶段。它是一种完全变态的捕食性昆虫。

从卵成长为幼虫的草蛉被叫作蚜狮。蚜狮长得很丑，全身上下没有一处是光滑的。

不过，虫不可貌相！

蚜狮虽然还没有长出翅膀，但是在植物上爬行的速度很快。这个时期，它十分活跃，而且食量巨大，总是在植物间不停地找呀找，找害虫吃。这也是草蛉被人们视为益虫的原因。

我曾经多次在菜园子里发现过蚜狮。它似乎背着一座高高的宝塔，上面粘着不少虫子的尸体。那是蚜狮进化出来的一种防身术，避免鸟类将它当成食物。

在认真观察蚜狮的时候，我发现了一个秘密：

蚜狮的上下颚就藏在头部前端。找到猎物后，蚜狮就会张开双颚，将猎物夹住。它的双颚能流出消化液，从而将猎物的身体溶解成液体，再将这液体吸食到肚子里。

成虫期的草蛉，再也不是幼虫期的“丑小鸭”了，而是一种非常漂亮的昆虫——身材修长，眼睛又大又亮，身穿一件草绿色的纱裙。当草蛉翩跹在草丛间，形成一道灵动的美丽风景。

小时候，我时常在郁郁葱葱的草丛里见到草蛉。它时而起飞，时而降落，宛如一位自由的舞者，在空中表演着舞蹈。两对脉络分明的翅膀在阳光的照耀下，闪烁着透亮的光芒，那种晶莹剔透的美感，让人赞叹不已。

更多的时候，草蛉悄无声息地落在草叶上，看上去孤零零的。两条细长的触须低垂着，一眼望过去，一副娇滴滴的柔弱模样，仿佛是大自然精心雕琢的一件艺术品，诉说着生命的脆弱与美丽，让人心生怜爱，不忍打扰。

昆虫朋友圈

草蛉（蚜狮版）

人类经常说“民以食为天”。这不，为了觅食，我顶着猎物的空壳和蜕下的皮以及零碎杂物出门了。作为一只未成年的虫子，我经常觉得很饿，一天要吃很多东西才能填饱肚子，但我还不会飞，只能靠伪装来保护自己了。

42分钟前

♥ 鸟，蚂蚁，东方水蠊，蜻蜓

东方水蠊：一只常住广东的虫子表示人类出门穿得很随意。

草蛉回复东方水蠊：嘻嘻，我也在广东。

鸟：我就说呢，上次明明根据定位找过去的，怎么没看见你。

草蛉回复鸟：楼上的，我还是拉黑你吧。

蜻蜓：人类常说你们长得有点像我们，但我完全没看出来。

草蛉回复蜻蜓：哎，虫界不是有句俗语叫“虫大十八变”嘛。

蜜蜂：哥们儿，别和我抢花蜜了，我的孩子们不够吃了呀。

蜻蜓回复蜜蜂：什么？他还吃花蜜？

______：______________________________

______：______________________________

蓑蛾有座小城堡

岭南地区的春天有时候会耍一下脾气，弄出一个“倒春寒”，让人难受得很。于是，刚刚收起来的棉袄又要被翻出来。这般反常的天气，就连虫子似乎也犹豫不决：是出去觅食，还是继续躲在巢穴里呢?

在一棵有着褐色树干的松树下，我看见一小截“枯枝”居然在无风的状态下摇摆了几下。

“有情况！”我的第一直觉告诉我，这很可能是虫子。

我驻足观望，那一小截“枯枝”又没有动静

了，令人疑惑不已。我不甘心，就这样紧紧地盯着它。

这时候，“枯枝”开始缓慢移动。这下，我终于确定，那就是蓑蛾。

蓑蛾既是隐身大师，又是建筑大师，同时还是时装设计师，真是不简单呢。眼前的蓑蛾将“树皮”披在身上，这还不够，似乎还披了几片“枯草”。这些服装材料，全是褐色的，披在身上就像披了一件褐色的蓑衣。

蓑蛾的“蓑衣”并不是一下子就织成的。当它还是幼虫，刚孵化出来的时候，并没有“蓑衣”。蓑蛾幼虫从口中吐出丝线，就地取材，或找来枯叶，或叼来树枝，造一件“蓑衣”，用以保护自己。“蓑衣”是它一点一点地织出来的，这与生俱来的本事，不得不令人惊叹。

一天一天过去了，幼虫渐渐长大，“蓑衣”慢慢变短。蓑蛾从开口处不断向下编织，“蓑衣”渐渐由细到粗。仔细端详，你会发现，那是一件锥形

的“蓑衣”。

也许，眼前的蓑蛾已经觉察到了我的存在，于是干脆随风“摔”到地上，一动也不动，继续它的拟态。

其实，蓑蛾再怎么伪装，也逃不过我的眼睛。于是，我捡起一根树枝，开始捉弄它。可它似乎并不想搭理我。没多久，我就觉得有点无趣，离开了。

过了好几天，我又在一株鸢尾的叶片上发现了一只蓑蛾，它有点像一株“枯草”。叶片是绿色的，蓑蛾是褐色的，不管再怎么拟态，毕竟是两种不同的色系，它一下子就暴露了。

原来，那是蓑蛾在啃食叶片。虽然它的进食速度很慢，但随着“枯草”缓缓移动，叶片的缺口也慢慢变大。我蹲下来，试图看清它的头，但并没有成功。

蓑蛾大多是在清晨或黄昏才进食，要是碰上阴天，也会全天出动。

为了观察到蓑蛾进食的情景，我决定还是弄出点动静，让它觉得我已经离开了鸢尾。约莫十分钟，我再悄然潜回来。

这一招，似乎还真奏效了。也许，蓑蛾压根就没想到我会“原路返回”，只顾着啃呀啃。

或许这只蓑蛾是太饿了吧，它吃得有点得意忘形了——忘了“隐身”，头和前胸全弹了出来。它的头和前胸都是黑褐色，间隔呈现出黄色的竖条纹，上面布满了细毛，似乎跟普通的虫子并没什么区别。

我再次用棍子去逗它，瞬间的工夫，它又缩了回去，用一根丝线将自己粘在叶片上，随风飘荡，怎么看，都觉得那是在荡秋千呢。

不得不惊叹，蓑蛾真是心思缜密。在不进食的时候，它一直躲在“蓑衣”里，就算行动了，也像蜗牛一样，背着“蓑衣”走呀走。这一件看似破烂的“蓑衣”，像是它小小的移动城堡，让我忍不住写了首小诗——

蓑蛾虫，就是懒
没有翅膀不是理由
平时很少出过门

懒人自有懒办法
吐吐丝，织织衣
枯叶搬来当蓑衣

躲在蓑衣真舒服
又可防寒，又可防敌
天敌来了也不怕

昆虫朋友圈

蓑蛾

最近有不少粉丝私信我，说我造的房子独特、漂亮，希望我出教程。感谢大家的厚爱，教程谈不上啦，在这里和大家分享一点挑材料的经验：

1. 从身边一切可用的材料中进行挑选。
2. 尽量选择对称、长度变化一致的材料，把粗壮的树枝或者大的叶片放在最底层。
3. 因为我们从小就开始造房子，房子容易越造越沉，所以尽量选择坚固而相对轻巧的材料，比如空心的小树枝。

大家有什么造房子的心得，欢迎一起交流呀。

3小时前

❤ 蜗牛，菜粉蝶，竹节虫，蟋蟀

蜗牛：厉害了，原来造房子选材料都这么麻烦。

蓑蛾回复蜗牛：还是你好，自带豪宅配置。

蜗牛回复蓑蛾：哈哈，我这房子哪比得上你们真丝编造的舒服。

竹节虫回复蜗牛：上次有个技能大赛，就靠这房子，他可是进了5强的。

蜗牛回复竹节虫：什么技能大赛？

蓑蛾回复蜗牛：快去看他的朋友圈。

______：____________________________

______：____________________________

螽斯给荒野谱写“天籁之音”

灵界村是不缺螽（zhōng）斯的，全村孩子都知道。

这天白天，我在草丛边蹲下来，寻找几片阔叶，翻看一番，很快就发现了螽斯。它躲在狗尾草的一片阔叶上，拉开架势，开始独唱。

晚间乡野间的音乐会，纵然有蟋蟀占主角，但在鸟叫虫鸣声此起彼伏的当下，螽斯依然有属于自己的舞台。

也许是我的动作幅度过大，带动了狗尾草，螽斯觉察到了我的靠近，于是慢慢将身体往阔叶的背面挪。它似乎是一边挪动身体，一边继续它的鸣唱，有点像舞台上的歌唱家在与舞台另一边的观众互动。

狗尾草旁边还有灌木，那些枝条将我的视线挡住了。我屏息聆听了一下“音乐会”，便将枝条拨开。这时候，螽斯的整个身子全暴露在我的眼皮底下了。

这只螽斯的身子是草绿色的，与狗尾草的颜色颇为相似，它的头部有点黄褐色，在一片草绿色里有点显眼。这种螽斯叫悦鸣草螽，多生活在灌木丛和草丛里。树栖的螽斯中，有一种名叫中华翡螽。它的翅膀精确地模拟了树叶的形状和颜色，甚至连斑点都模拟了。它会将前足伸展开来，一动也不动地趴在树干上，与树叶融为一体，轻松瞒过我们这帮粗心的孩子。

眼前这只悦鸣草螽还在鼓动着翅膀，声音细微。它是一只雄性螽斯，乍一听，声音轻轻淡淡，要是将声音放大，简直就如降低了音量的直升机飞行时的声音，颇具动感，充满生机。

这种一声紧过一声的鸣唱，正是雄性螽斯向雌性螽斯发出的“爱的信号”。

这时，我又调皮了，将身子向前一倾，朝着它的屁股吹了口气。悦鸣草螽一愣，似乎觉得哪里不对劲，于是赶紧又绕到了叶片的正面。

我也跟着悦鸣草螽绕到另一边，盯着它。它开始警觉起来，从叶片上做自由落体的动作，滑到了狗尾草的基部。草叶稀疏，悦鸣草螽趴在地上，并没有停止它的鸣唱。

果然是一个“音乐发烧友”。

我用一只手轻轻拨开草叶，将另一只手伸了过去，一下子就抓住了它的一条腿。我以为一只螽斯就此到手了，窃喜间，悦鸣草螽却毫不犹豫地“丢足保身”，逃窜到草丛的深处，一下子没了踪影。

要是想找到一只螽斯，并非难事。尤其是在夏天，乡野的草地上几乎随处可见黑膝草螽。这种螽斯身体侧边多是翠绿色，头、胸、腹的背部和前翅则呈褐色，后腿关节处则多为黑色。

有时候，我会在草茎顶端发现黑膝草螽。它似乎比悦鸣草螽更为敏感，我还没有靠近，它早已从草茎顶端滑落下来，逃似地钻进草丛的深处。

那时候，我们甚至误以为黑膝草螽就是蚱蜢，这是岭南地区乡里

人普遍的误会，甚至将其称为“鬼蜢”，视其为已故亲友的魂魄。

少年时观察螽斯，多是在夏秋两季。尤其是螽斯的若虫，没有发达的翅膀，姿态却万千。若虫的触须比身子还要长，它时常举着触须在空中挥来挥去。我以为它像螳螂一样挥舞着“武器”是要打架呢。实际上，那是因为它的触须能够帮助它感知到空气里的细小震动，挥动触须便是它在判断周遭的环境。

螽斯是一种不完全变态的昆虫，一生要经历卵、若虫和成虫三个阶段。跟蟋蟀一样，它善于鸣唱，是昆虫界名副其实的“音乐家”。

这只“音乐家”靠的是一对覆翅互相摩擦发声。不同的螽斯，覆翅的结构不一，“音乐”风格也不同。有的歌声高亢如千军万马奔腾，有的歌声婉转如潺潺溪水，音调或高或低，抑扬顿挫，给荒野谱写了一段又一段“天籁之音”。

昆虫朋友圈

螽斯

大家不要再叫我蚂蚱了！哪怕想叫我的小名，也请叫我蝈蝈。虽说我们长得有点像，但请一定要看看我们的触角哦，我的触角细细长长的，那个家伙的触角又粗又短，很容易识别的。

45分钟前

♥ 蝗虫，菜粉蝶，蠼螋，蜉蝣

蝗虫：呃，上次我被叫成蛐蛐儿。

蟋蟀回复蝗虫：我刚在知乎App上回答了一个问题——蝈蝈不是蟋蟀吗？

蜉蝣：鸣虫交响音乐会啥时候开始啊？我都快要成年了。

螽斯回复蜉蝣：这位朋友请一定要hold住，马上安排。

蝉：上次两脚兽幼崽将我认成了苍蝇，哼。

螽斯回复蝉：你在哪里？一起玩音乐呀。

蝉回复螽斯：哼，没安好心。

苍蝇回复蝉：咦？他不是吃素吗？

______：________________________

______：________________________

蝼蛄在地下干了不少坏事

春耕时，沉睡了一个冬天的土地被掀开，泥土的气息弥漫开来，那是少年时的我最熟悉的味道。

父亲在前面赶牛拉犁，我跟在后面捉虫子。时常还没等我下手，蚯蚓就被麻雀、白头鹎（bēi）等野鸟叼走了。但蚯蚓不是我的目标，蝼蛄（lóugū）才是。

蝼蛄并不多见，有人会误将蝼蛄当成蟋蟀，其实它们不一样。蝼蛄虽与蟋蟀同属于直翅目，但它的知名度似乎比蟋蟀差得远，而且被庄稼人视为害虫。

蝼蛄的别名叫“土狗子”。这个名字好像是北方的叫法。雷州半岛的人不这么叫，更多的是叫它们孖（zī）狗。在灵界村，许多动植物的叫法都是有音无字，而且多是雷州方言。要将物种学名与雷州方言中的叫法一一对上号，这可是一门深奥的“乡土学问”。

蝼蛄有一对强大的前肢，又扁又阔，最重要的是足够坚硬，形象一点来说，那是一对扁刀。前肢的尖端还有四颗锋利的钩状扁齿，这便是蝼蛄的开掘足，主要是用来刨土掘洞的。要是遇上天敌，开掘足也是不错的防卫工具。

少年时，我们虽然认识不少虫子，但分门别类的水平尚欠缺，更少有拿不同物种来做对比。有一天，我们几个小伙伴正琢磨着要将蝼蛄派上捕鸟诱饵的用场，一个小孩居然指着蝼蛄喊蝗虫。我们愣了一下，随后哄堂大笑起来。

蝼蛄和蝗虫显然不同。蝗虫的后足强大，因为那是要用来起跳的，其跳跃肌发达。而蝼蛄的后足基本上已退化，只有前足因为要挖掘隧道和凿钻洞穴产卵，以及要切断植物的根和茎，而进化成齿状，其锋利无比且强壮。

蝼蛄时常在田野里掘洞，在地面隆起一堆虚土。它在地下可是干了不少坏事。因为一旦植物的根部挡住了它的路，它不但不绕道而行，反而用锋利的前足锯断挡路的植物根部，导致植物枯萎而死；当它顺着植物的茎往地表爬时，经常一口将植物的茎“咬”断，还在生长的植物轰然倒下，莫名其妙地遭了殃。

害虫蝼蛄是我们的“眼中钉”。那时候，灵界村的山坡上偶尔还会种甘蔗，只是因为土地贫瘠，甘蔗长势萎靡，像侏儒一样始终长不大，只有拇指般粗细。为甘蔗施肥前，由于山坡缺水，我们总要先洒上一轮水，让土壤湿润。我在劳动时经常“不务正业”，尽将水往蝼蛄的洞里灌。

蝼蛄的洞并不难找。它们往往被一堆新鲜的沙土盖着，拨开沙土，就能看见一个指头般大小的洞口。将水往洞口一灌，没多久，洞口隐隐约约就会出现一对触须，试探着，裸露在洞口处。我并不急着伸手去捉它的触须，否则，蝼蛄很可能会断了须，缩回洞里。慢慢地，蝼蛄黄褐色的小脑袋露了出来，我迅速下手，一下子就将它拎了出来。

这时候，我用虚拳将蝼蛄握在掌心，仿佛如来佛将孙大圣攥在手里，颇有一番自豪感。上了当的蝼蛄使劲地用开掘足扒拉着我的手掌，一心要逃出我的掌心。我的掌心又痒又痛，禁不住它的尖刺攻击，只能将它往随身携带的塑料瓶里放。

蝼蛄一开始还以为那只塑料瓶是一条隧道，终

于可以逃出生天。可惜，掉到瓶底的蝼蛄拼命沿着光滑的瓶壁往上爬，还没爬两步又掉了下去。折腾几回后，蝼蛄似乎并不打算放弃，不愿意就这样束手就擒。

可以想象，这时的蝼蛄是何等气急败坏。我望着眼前的这一幕，心中竟隐隐生出一丝幸灾乐祸的情绪。或许，是因为蝼蛄曾经咬断过我家的甘蔗，我才始终没有放过它的打算。

经过片刻的遐思，当我的目光再次落到蝼蛄的身上，我幼小的心灵有了一点微妙的变化。蝼蛄的挣扎，无非是为了挣脱束缚，重获自由。我突然意识到什么，默默地打开了瓶盖。

蝼蛄爬了出来，在地面停留了片刻，似乎在确认周围是否安全，然后迅速地消失在草丛里。那一刻，我的心中涌起一种莫名的感慨：不过都是为了活着。

生命与生命之间，或许本就应该多一些理解与宽容，少一些敌意与报复。

昆虫朋友圈

蝼蛄

来来来，大家都来晒一下自己土土的绰号，那些好听的仙气飘飘的绰号就不要来凑热闹了。否则只有我一只虫尴尬到钻地洞。我先来，我被叫作土狗子。

50分钟前

♥ 西瓜虫，跳蚤，豆娘，地鳖，蜘蛛，蟑螂，蜜蜂，兰花螳螂，苍蝇，蝴蝶，蝗虫，椿象，蠼螋，蚯蚓

西瓜虫：鼠妇。

蝼蛄回复西瓜虫：哈哈哈。

蜣螂：呃，很多人只知道我叫屎壳郎，不知道我本名叫蜣螂。

蝼蛄回复蜣螂：你这个确实深入虫心。

地鳖：我又叫土鳖。

蝼蛄回复地鳖：你这，哈哈哈，和主题好配。

椿象：臭虫。

地鳖回复椿象：很形象啊。

椿象回复地鳖：你礼貌吗？咱俩半斤八两。

______：________________________________

______：________________________________

蝼蛄：感谢大家的积极响应，让我充分领略了什么叫作“没有最土，只有更土”，这条“朋友圈”炸出了许多万年潜水党，哈哈哈。

蠼螋的自卫武器是腺囊

夏至一过，天气越发热了起来。学校下午四点半就放学了，此时的太阳虽然逐渐西斜，但仍然热得很，我的衣衫湿了又干，干了又湿……

父亲在院子的门板上写着四哥和我的额外“家庭作业”：四哥在家煮饭，我去菜园子浇水。

那座菜园子并不在村子里，而是在灵界村水库下游的土岸边。岸边的土地是稻田，岸上的斜坡被父母开垦出来种菜。我们一日三餐的蔬菜多是靠这片菜园子供应。

菜园子里有桶。我提着桶，从稻田里舀上水，

然后提上来，往菜园子里浇。一桶水下去，一只虫子慌慌张张地抱着一粒卵从菜根处钻了出来，沿着田埂跑了。

“蠼螋（qúsōu）！”我扔下桶，跑了过去，看清楚了，确实是一只蠼螋。它的尾巴尖上一左一右，是两根紫红色的尖刺，这两个尖刺是尾钳，直直的，有点像食指和中指伸出来比画的“剪刀手”。

我拿起一根棍子一下子将蠼螋的腰按住。蠼螋扬起尾钳，尖端处还有一个弯曲的小钩，正好钩着一粒剔透光亮的卵。这是一只雌蠼螋，它会趴在自己的卵上孵化幼虫，这在昆虫界是较为少见的。

许多昆虫产完卵就扬长而去了，蠼螋不一样。它是一种颇有母爱的虫子，不仅与卵寸步不离，还会将每一粒卵擦洗得一尘不染，始终保持洁净，以避免其受到真菌感染。而且，待幼虫出生后，蠼螋还会搬来枯叶，又或者捕捉其他小虫来喂养它们。

正当我准备与雌虫抢卵的时候，地里又爬出一只蠼螋。一看，尾钳是弯曲的，而且是向内弯曲，形状类似于椭圆，也有点像人类将拇指和食指弯曲起来的形状。

这是一只雄虫。让人意外的是，雄虫只顾着逃命，什么也没带。

蠼螋也叫耙地虫，又或者叫夹夹虫。事实上，它并不太会夹人，除非你伸手去捉它。不过，即使让它夹一下，也并不疼。

我们时常在阴暗的角落里逮到它。情形大概是这样的：白天，掀开一段潮湿的树皮，蠼螋就藏在那里。它们多是夜间才出来活动，此时，蠼螋正躲在那里睡大觉呢。

蠼螋的身体狭长，且呈扁平状，头部又扁又宽，触角则为丝状。在地面爬行时，蠼螋有点像幼年的蜈蚣，但毕竟没有那么多的脚，只需认真一看，很快就能分辨出来。

知道蠼螋的个性后，我就不再怕了。逮到它之后，我就将一片树叶横着插在它的尾钳上，看着它拖着树叶在地面上“耙”来“耙”去，我哈哈大笑。

逐渐了解蠼螋后，我才知道它的自卫武器并不是尾钳，而是腹部的腺囊。这个腺囊会产生一种很臭的气体。在遇到天敌时，蠼螋立即倒地装死，待天敌靠近时，它就喷出臭气，就在吓退天敌的一瞬间，蠼螋赶紧逃命……

其实，蠼螋既吃植物，也吃动物，算是杂食性昆虫。那些吃植物的蠼螋，对于菜园子来说便是害虫。

于是，每次到菜园子浇水，我就特地留意蠼螋的行踪。遇见它的时候，就多浇一点水，期待将其驱逐出我家的菜园子。

昆虫朋友圈

蠼螋

宝宝们一天天长大了，为了不让他们饿着，到了晚上，我就要打开洞门，出去为他们找吃的，直到他们能够独立的那天。天下的妈妈都是一样的！

2小时前

♥ 鸟，隐翅虫，步甲，蓑蛾，负子蝽

鸟：根据我对虫界的浅显了解，极少有像你这么温柔的妈妈。

蠼螋回复鸟：谢谢你。

步甲：你家孩子以后上学不容易啊，考试结束了，名字还没写完。

蠼螋回复步甲：哈哈哈，同情我的宝宝们。

负子蝽：养娃不容易啊，你带孩子的时间比我长多了吧？大概多久啊？

______：______________________________

______：______________________________

蟋蟀的歌声是生命的秘密

夜色还没有铺下来的时候，我早早就在院子里洒了水。夜风吹过来，闷热的空气里裹挟着一阵凉意，那是清水混杂着泥土的味道，也是童年的味道。

雷州半岛的夏天，纵然夜色降临，院子里始终弥漫着一阵又一阵挥之不去的暑气。于是，洒水降温，是我在少年时代必做的“家庭作业”。

晚上，一家人终于停歇下来，一起坐在草席上乘凉，坐困了，便顺势仰躺在院子的草席上度过上半夜；待到下半夜露水重了，再挪一挪身子，缩进

屋里，继续睡。

夜空里星光闪烁，星星们眨着眼，似乎在张望着大地。院子角落里，不知何时已响起了蟋蟀的鸣唱声，此起彼伏。

院子角落里长着杂草，那里时常藏着自然的秘密。院子外面全是泥路，路边也长着杂草野花，同样藏着自然的秘密。

有些秘密是蟋蟀传出来的。比如蟋蟀的歌声不是从口器发出来的，而是雄性蟋蟀用翅膀摩擦发出的。在它们的右边翅膀上，有像锉一般的短刺（音锉）；左边翅膀则长着像刀一样的硬刺（摩擦片）。左右两翅一张一合，互相摩擦，声音由近及远，成了村庄里的小夜曲。

有意思的是，几乎每一株杂草下面都有蟋蟀合唱团的一名成员。一只蟋蟀守着一株杂草，谁也不理谁。这只蟋蟀开始鸣唱了，唱着唱着，突然停了；另一只蟋蟀紧接着也唱了起来。但是，很难发现一群蟋蟀聚在一起鸣唱。它们生性孤僻，多是独居者，不愿意跟别的蟋蟀住在一起。要是碰上了，仿佛见到了仇家一样，歌也不唱了，先咬斗一场，非要分出一个胜负。

更有意思的是，蟋蟀可以在不同的地方“对唱”同一首歌，用清亮的声音彼此探问，互相应答，又好像一派和气。

优美的交响乐响彻夜空。有时候，我听着听着，忘了璀璨的群星，不知不觉在这样的歌声里沉沉地进入梦乡……

更多的时候，我会拿着手电筒，循着蟋蟀的歌声去寻找它们的身影。可是，明明听见歌声是从院子外传过来的，待到了院子门口，突然又没有了声音。我将手电筒关了，屏息静立于夜色里。此时，蟋蟀的声音又响了起来，似乎在院子的角落里。于是，我又循着声音走了过去，可声音又停止了。

反复了几次，我依然寻不着蟋蟀的具体位置，这多多少少让我有点失了颜面。纵然我的脚步声再轻，一旦靠近了声源，蟋蟀就停止了鸣唱，让我一下子迷失在茫茫无边的夜色里。

蟋蟀奇妙的迷惑招数，早就被法布尔识破了——

如果它待在叶丛中无人惊扰的话，它的声音就不会变化，但稍有动静，这位歌手便立即改用腹部发声。你刚才听见它一直在你面前歌唱，可突然间，你听见的是它在那边二十步开外的地方继续鸣唱，但音量减弱了，你还以为是距离使然。

…………

声音的强弱、响亮、沉闷变化，使人产生距离上的错觉，这是蟋蟀这个腹语者的高超艺术手段。

正因为如此，几乎每一次在夜晚寻访蟋蟀，我都以失败告终。蟋蟀用音量的强弱和音质的转换，给人们制造距离上的错觉，当然也可以欺骗天敌。

这不仅是自然的秘密，更是生命的秘密。

昆虫朋友圈

蟋蟀

这张照片是我家人偷拍的。当时是十月末，我正在奋力盖房子。在田间找到合适的草丛后，我就用我的颚钳搬掉较大的土块，再用后腿蹬踢，因为我后腿有两排锯，也比较有力，能把挖出的土推到身后，形成一个斜面。工作中的我真帅气啊！

6分钟前

♥ 蟋蟀大哥，蒲松龄，螳螂，蜉蝣

蟋蟀大哥：哎哟，老弟，状态不错啊！

蟋蟀回复蟋蟀大哥：主要是长得帅。

西瓜虫：你为啥戴着墨镜挖坑啊？

蟋蟀回复西瓜虫：朋友，我这是房子呢，不是坑。那墨镜是我的复眼，够大够黑吧，方便我感知周围环境变化，嘿嘿。

蒲松龄：你们打架也很厉害啊，我在《促织》里专门写了你们这个本领。

螳螂回复蒲松龄：我得赶紧买书来看看。

蜉蝣：十月末了还工作呢，你不怕冷吗？

______：______________________________

______：______________________________

竹节虫的“隐身术”让人叫绝

有时候，竹节虫并不在竹子上，这让我有点疑惑。因为有一次遇见它的时候，它站在一根枯枝上。

眼前，一小片深深浅浅的黑褐色吸引了我。我的目光紧紧盯着一根“枝条”，心中涌起一股莫名的警觉，总觉得哪里有点不对劲，仿佛在自然的和谐里窥见了一丝不寻常。

我小心翼翼地靠近。那一刻我意识到，这不是一根普通的枯枝，而是隐藏着生命奥秘的竹节虫。

“嘘——”我做出习惯性的动作，小伙伴马上就心领神会。

“竹节虫！”也许是我的声音太大，吓到了竹节虫。它居然顺势落了下来，就像一小段枝条被风吹落。

掉在地上的竹节虫把足都收拢了起来，一动也不动地躺在地上——装死。这是它的好把戏。小伙伴抬起脚，作势要一脚踩下去。我及时制止了他。

小伙伴还在疑惑中，我就拉走了他，悄悄走到枯树的另一边，屏息，观察。周围一下子安静了下来。也许，竹节虫感觉周围安全了，于是慢慢打开前足、中足和后足，起身溜到一边的灌木丛里去了。

“跑了？”小伙伴正在发呆，似乎还没有回过神来。

“跑得贼快。”我一下子也被竹节虫的动作惊呆了。没想到，平时慢条斯理的竹节虫到了逃命的时候，竟使出了全身的力气。

还有一种绿色的竹节虫，多出现在竹林里。

记忆里，在灵界村，竹林东一片，西一片。那是庄稼人种着当风水林，又或者是用来采集编竹篓原料的基地。有时候，我也会溜进竹林里寻找竹节虫。

这可不是一件容易的事。

好在我有足够的耐心，一节竹枝一节竹枝地寻找，很快就发现了以假乱真的竹节虫。此时，它正停栖在一棵竹子的枝干上，活像斜伸出来的竹枝，实在难以辨认。

它有着高超的隐身术，不仅能模仿形态，有时候连体色也模拟。记得我曾经为竹节虫写了一首这样的儿童诗《竹节虫吵架》——

竹林里住着竹节虫
白天爱睡觉
晚上爱吵架
竹子拿它没办法

明明是虫子
偏偏说它是竹子
乔装竹子去骗人
害得竹子背骂名

眼前的竹节虫无论是躯干，还是前足、中足和后足，都呈现出细长的状态。与在枯枝上看见的竹节虫完全不一样的是它的体色。此时的竹节虫已经根据光线、湿度、温度的差异，改变了体色，将自己惟妙惟肖地伪装成一节竹枝。大多数时候，它的天敌根本发现不了完全融入周围环境的竹节虫。

我就站在竹节虫的下面，仰头望着它。它也许只是假装看不到我，所以依然一动也不动地趴在竹枝上。善于拟态的竹节

虫，在昆虫界可算是技高一筹，恐怕真的要将隐身术领域的桂冠颁给它才行。

白天，竹节虫多是静静地伏在树枝上。因为像它这种行动迟缓的昆虫，仅靠“隐身术”还不行，稍有动静，很可能就会被天敌发现了。因此竹节虫调整了生活习惯，等到晚上才出来活动，取食植物叶片充饥。别看它娇弱细小，吃起叶子来，风卷残云，令人瞠目结舌。

这时候，我折了一片竹叶，逗一逗那只隐身的竹节虫。没想到，它竟是一只少见的有翅膀的竹节虫，它张开艳丽的双翅，在阳光的照射下闪动出一小段彩光，晃了一下我的眼睛。

一闪而过的彩光瞬间就消失了。也就在这个时候，竹枝上的竹节虫已不见踪影——它在使用“闪色法”的时候，早已逃跑了……

昆虫朋友圈

竹节虫

分享一个脑筋急转弯：在最近的某场虫虫技能大赛中，比赛结果评选出了亚军、季军，可是谁都找不到冠军。请问这是什么技能大赛？猜猜谁是季军？

38分钟前

♥ 蓑蛾，负子蝽，枯叶蝶，兰花螳螂，蜘蛛

枯叶蝶：我知道！

蓑蛾回复枯叶蝶：冠军你终于出现了！去哪儿了？我们一直找不到你！

枯叶蝶回复蓑蛾：冠军不是我啦，我养伤没参赛。前阵子没留意到兰花螳螂埋伏我，被它砍了一刀，幸好逃脱了。

蓑蛾回复枯叶蝶：你没事就好。

兰花螳螂：冠军，味道不错。

竹节虫：喂！没虫关心我这个季军吗？

兰花螳螂回复竹节虫：拟态这条赛道竞争太激烈，我倒觉得你的“闪色法”比较炫酷，张开翅膀的瞬间彩光闪动，等我反应过来，你已经不见了。多练习，说不定能成为魔术师。

蓑蛾：我不敢回复螳螂呀……可是我很好奇冠军到底是谁？

______：______________________________

______：______________________________

后记

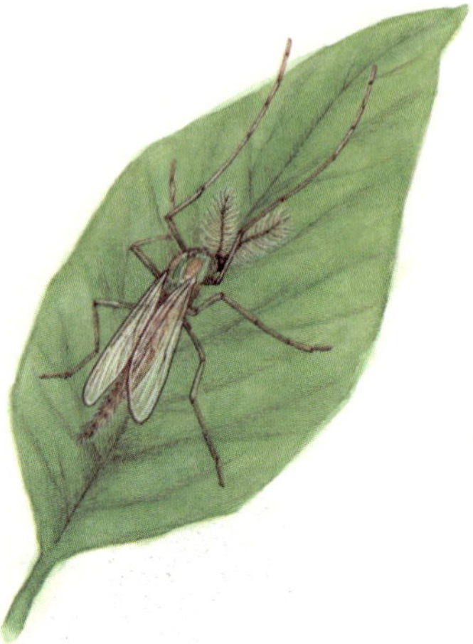

毫无疑问，是蟑螂老师带我走上了更加细致、更加专业的湿地观察之路。

那一年，我开设了“自然一点”工作室。蟑螂老师是我的学术顾问，也是工作伙伴。

因为工作室有任务，蟑螂老师外出拍摄自然节目时便会捎上我，带着我跑了一处又一处湿地。也正因此，我才正儿八经地开始观察湿地生态，然后开始写一写湿地自然日记，拍一拍工作室节目，最后勉勉强强完成基本任务。

风里来，雨里去。似乎没有什么能够阻挡蟑螂老师追寻湿地的热情，想出发就出发。于是，我也屁颠屁颠地跟着跑。

站在蟑螂老师的身边，我们一起观察湿地。渐渐地，我找到了感觉，好像也找到了书写湿地故事的入口。

这个入口，就是我少年时在灵界村的生活经历。

位于祖国大陆南端的灵界村是我的故乡，是我对湿地观察萌生兴趣的开端，也是我写作自然文学的始发地。

在灵界村，推门而出，不远处就有浅浅的池塘，雨季蓄满水，旱季又干涸，但始终孕育着丰富的湿地物种；往田野里走，那里又有一座水库，常年有水，既灌溉下游的稻田，也蕴藏着各式各样的淡水鱼；再往远一点的地方走，便到了隔壁小镇，可以看见大海。那是一座港口，海浪翻滚，海鸟翻飞，船来船往，鱼跃人欢，好一幅如诗如画的海港风景图。

可以肯定地说，这一片红土地处处可见湿地生态，时时发生湿地故事，像一座宝藏，挖不完，写不尽……

此时此刻，我的脚下正是珠三角的湿地。这是我的第二故乡。这里同样有大海，同样有滩涂，同样有红树林。无论是雷州半岛的湿地，还是珠三角的湿地，它们都是中国湿地的重要组成部分。

于是，我将两个故乡的湿地生态融合起来，寻找到一个共同的写作窗口，写成了这套“湿地中国·自然博物”系列图书，正式交由广州出版社出版发行。

这一次，我依旧选择了湿地野鸟、湿地昆虫以及湿地植物这三大物种进行观察。在湿地生态系统中，这三者构成了紧密相连、相互影响的生物链。无论是翱翔天际的野鸟，还是忙碌于植被间的昆虫，抑或是扎根土壤的植物，它们不仅在生态系统中扮演着重要的角色，更共同维系着湿地的生物多样性。

与此同时，我们正生活在湿地生境里，与野

鸟，与昆虫，与植物，每时每刻都发生着许许多多的故事。这些故事，或许您没有感受到，但它已然发生了，又或者正在发生……这就是自然文学无穷的魔力。

正是自然文学所散发的那股独特魔力，深深地将我迷住了。于是，我不知疲倦地奔赴在创作自然文学的征途中。在完成“湿地中国·自然博物”一套三册小书后，我又要重新上路了。

下一个自然主题，会是什么呢？

我跟您一样期待，期待蟑螂老师带领我开辟新的观察路线。我会继续努力，争取给您一个惊喜，好吗？

感谢自然，感谢读者，感谢自己！

何腾江

2024年1月31日于孙中山故乡

参考书目

[1]张巍巍，李元胜．中国昆虫生态大图鉴[M]．重庆：重庆大学出版社，2011.

[2]陶秉珍．昆虫漫话[M]．北京：新星出版社，2015.

[3]李湘涛，杨红珍，黄满荣，等．北京自然故事[M]．北京：商务印书馆，2019.

[4]王宏超．人间小虫：虱子、蚊子与萤火虫[M]．北京：中华书局，2023.

[5]杨小峰．追随昆虫[M]．北京：商务印书馆，2020.

[6]朱赢椿．虫子旁[M]．济南：山东文艺出版社，2020.

[7]许育衔．鸣虫音乐国[M]．北京：商务印书馆，2016.

[8]叶灵凤．香港方物志[M]．北京：商务印书馆，2017.

[9]张蕙芬，黄一峰，林松霖．自然老师没教的事：100堂都市自然课[M]．北京：商务印书馆，2015.

[10]梁思奇．我的动物故事[M]．桂林：广西师范大学出版社，2020.

[11]徐仁修．与大自然捉迷藏[M]．北京：北京大学出版社，2014.

[12]何腾江．自然里的文学课：谁都不敢和螳螂打架[M]．广州：新世纪出版社，2023.

[13]半夏．迷虫记[M]．昆明：晨光出版社，2021.

[14]半夏．虫语者[M]．昆明：晨光出版社，2021.

[15]高东生．自然的精灵[M]．兰州：甘肃科学技术出版社，2021.

[16]高东生．虫子的江湖[M]．兰州：甘肃科学

技术出版社，2021.

[17]法布尔．昆虫记[M]．陈筱卿，译．长沙：湖南文艺出版社，2013.

[18]韩永植．昆虫识别图鉴[M]．郑丹丹，译．郑州：河南科学技术出版社，2017.

[19]泉麻人，安永一正．东京昆虫物语[M]．黄谨瑜，译．上海：上海人民出版社，2011.

[20]安妮·斯韦德鲁普－蒂格松．给孩子讲昆虫[M]．罗心宇，译．长沙：湖南少年儿童出版社，2021.